智能制造系列教材

3D 打印增材制造技术

潘家敬　主编

U0282885

电子工业出版社
Publishing House of Electronics Industry
北京·BEIJING

内 容 简 介

本书对 3D 打印增材制造技术进行了系统全面的阐述,内容包括增材制造中的三维模型及数据处理,增材制造材料及制备(涉及金属、高分子、光敏树脂、陶瓷、3D 打印复合材料等),材料挤出打印技术,光固化增材制造技术,粉末床熔融增材制造技术,定向能量沉积增材制造技术,三维喷射打印技术,薄材叠层增材制造技术,新型 3D 打印技术,以及 3D 打印材料的性能。

本书内容翔实、图文并茂、结构分明、专业性突出,既有理论研究又有实际应用,是一本对 3D 打印增材制造技术教学、研究和应用具有实用价值的教材。

本书可作为普通高等教育、职业院校机械类或近机械类专业的教材,还可作为相关岗位的培训教材或供相关工程技术人员学习参考。

为便于教学,本书配套有电子课件、微课视频等教学资源,读者可登录华信教育资源网(www.hxedu.com.cn)免费下载。

图书在版编目(CIP)数据

3D 打印增材制造技术 / 潘家敬主编 . —北京:电子工业出版社,2022.6

ISBN 978-7-121-43832-5

Ⅰ. ①3… Ⅱ. ①潘… Ⅲ. ①快速成型技术－高等学校－教材 Ⅳ. ①TB4

中国版本图书馆 CIP 数据核字(2022)第 110217 号

责任编辑:杜 军   特约编辑:田学清
印   刷:涿州市般润文化传播有限公司
装   订:涿州市般润文化传播有限公司
出版发行:电子工业出版社
         北京市海淀区万寿路 173 信箱   邮编:100036
开   本:787×1092   1/16   印张:8.75   字数:235 千字
版   次:2022 年 6 月第 1 版
印   次:2025 年 1 月第 5 次印刷
定   价:29.00 元

前　言

增材制造技术，也称为 3D 打印技术，是 20 世纪 80 年代后期发展起来的新型制造技术。增材制造技术与计算机、信息、自动化、材料、化学、生物及现代管理等学科相融合，使传统意义上的制造技术有了质的飞跃，形成了先进制造技术的新体系。我国是全球最大的工业生产国，随着国家政策的扶持和企业需求的扩大，未来 3D 打印产业将在我国工业生产制造中扮演重要的角色。增材制造产业的发展，迫切需要相关的教材、理论跟进。

这本《3D 打印增材制造技术》共 10 章，由青岛科技大学教学一线教师在总结多年教学经验的基础上，采用团队通力协作、校企深度合作的模式编写完成。本书主要阐述了增材制造数据处理（涉及三维模型的构建、STL 文件和切片处理），增材制造材料（涉及金属材料、高分子材料、陶瓷材料、液态光敏树脂复合材料、导电油墨材料及生物医用材料）和增材制造工艺及设备（涉及 FDM、SLA、DLP、CLIP、WAAM 等数十种 3D 打印技术）。

本书的目的是让学生通过学习，掌握面向增材制造技术的数据处理、材料、工艺及设备，重点培养学生增材制造技术理论研究、创新及实践的能力。本书的主要特点如下。

（1）内容侧重于应用理论和应用技术，强调密切联系生产实际，力求突出实践应用，注重能力培养。

（2）突出知识的应用性、实践性和创新性，并贯彻现行的国家标准及行业标准。

（3）以学生能力的培养和提升为教学重点，内容力求少而精，以"够用、适度"为原则，紧贴生产实际，为学生毕业后进入企业的无缝对接奠定良好的基础。

本书学时分配（课程安排）建议如下。

教学章节	教学内容	讲课时数
绪论	3D 打印增材制造技术概述	1
第 1 章　增材制造中的三维模型及数据处理	1.1 三维模型的构建	2
	1.2 三维模型的 STL 文件	
	1.3 三维模型的切片处理	
第 2 章　增材制造材料及制备	2.1 金属打印材料	3
	2.2 高分子打印材料	
	2.3 光敏树脂材料	
	2.4 陶瓷打印材料	
	2.5 3D 打印复合材料	
第 3 章　材料挤出打印技术	3.1 熔融沉积制造技术	4
	3.2 碳纤维复合材料 3D 打印	
	3.3 螺杆挤出 3D 打印技术	
	3.4 气动挤出打印技术	

续表

教学章节	教学内容	讲课时数
第 4 章 光固化增材制造技术	4.1 光固化成型技术	6
	4.2 数字光处理技术	
	4.3 数字光合成技术	
	4.4 液晶显示光固化技术	
第 5 章 粉末床熔融增材制造技术	5.1 选择性激光烧结技术	6
	5.2 激光选区熔化技术	
	5.3 电子束选区熔化技术	
第 6 章 定向能量沉积增材制造技术	6.1 增材制造能量源	6
	6.2 激光近净成型技术	
	6.3 电弧熔丝增材制造技术	
	6.4 电弧喷涂制造技术	
	6.5 电子束自由成型制造技术	
	6.6 等离子熔覆制造技术	
第 7 章 三维喷射打印技术	7.1 喷墨式 3D 打印技术	4
	7.2 三维（黏结剂）喷射打印技术	
	7.3 冷喷涂增材制造技术	
	7.4 聚合物喷射增材制造技术	
	7.5 纳米颗粒喷射 3D 打印技术	
	7.6 气溶胶喷射打印技术	
第 8 章 薄材叠层增材制造技术	8.1 叠层实体制造技术	4
	8.2 超声波固相增材制造技术	
第 9 章 新型 3D 打印技术	9.1 直接墨水书写 3D 打印技术	4
	9.2 液态金属悬浮 3D 打印技术	
	9.3 双光子聚合激光 3D 直写打印技术	
第 10 章 3D 打印材料的性能	10.1 材料的强度与塑性	2
	10.2 材料的硬度	
	10.3 材料的冲击韧度	
	10.4 材料的疲劳强度	
	10.5 材料的断裂韧度	

3D 打印增材制造技术涉及众多学科，发展日新月异，由于编者水平有限，书中难免存在疏漏及不足之处，恳请读者批评指正。

编　者

目　录

绪论　3D 打印增材制造技术概述

增材制造（Additive Manufacturing，AM）技术（也称为 3D 打印技术）是 20 世纪 80 年代后期发展起来的新型制造技术。期间也被称为"材料累加制造"（Material Increase Manufacturing）、"快速成型"（Rapid Prototyping）、"分层制造"（Layered Manufacturing）、"实体自由制造"（Solid Free-Form Fabrication）、"3D 打印技术"（3D Printing）等，这些不同的叫法分别从不同角度展现出该制造技术的特点。美国麦肯锡咨询公司发布的报告，将增材制造技术列为决定未来经济的十二大颠覆技术之一。

3D 打印（增材制造）技术是指基于离散-堆积原理，由零件三维数据驱动直接制造实体产品的科学技术体系。通过计算机辅助设计（CAD）建模，将建成的三维模型"分区"成逐层的截面数据，用相应热源，把液体状、粉状或丝状的材料通过逐层堆叠（熔覆）、叠加的方式来制造物体的技术。相对于传统的减材制造（材料去除加工），3D 打印技术无须模具，可直接进行数字化制造，具有原材料浪费少、制造流程短、工艺简单、可成型复杂形状和梯度结构等特点，是一种具有革新意义的制造方法。

目前，3D 打印技术成型材料包含了金属、非金属、复合材料、生物材料甚至生命材料；成型工艺能量源包括激光、电子束、特殊波长光源、电弧及以上能量源的组合；成型尺寸从微纳米元器件到 10m 以上大型航空结构件，为现代制造业的发展及传统制造业的转型升级提供了巨大契机。

3D 打印技术能轻而易举地"打印"构件内部的镂空部分及其他模具无法加工的复杂或特殊结构。不需要特定的模具及较长的工艺流程，产品制造过程快速、便捷，对于个性化、小批量，尤其是单件产品的制造，具有显著的时间和成本优势，形成前所未有的全新解决方案，使大量的产品概念发生革命性变化，支撑我国制造业从转型到创新驱动发展模式的转换。

3D 打印技术是集数字建模、机械控制、材料学及信息技术等一系列尖端前沿知识为一体的新型技术。3D 打印机是由控制机械及计算机技术等构成的复杂机电一体化系统，主要由数字控制系统、机械控制系统、喷射系统及快速成型系统组成。此外，新型材料技术、工艺成型技术、控制界面、人机交互等也是其重要部分。目前，3D 打印技术已在医疗、航空航天、汽车制造、模具、文化创意、教育等领域得到广泛应用。

☿ 第 1 章 ☿

增材制造中的三维模型及数据处理

1.1 三维模型的构建

1.1.1 计算机辅助建模

计算机辅助产品设计是指以计算机软、硬件为依托，设计师在设计过程中借助计算机参与新产品的开发研制的一种新型的现代化设计方式，它以提高效率、增强设计的科学性、提高设计的可靠性、适应信息化社会的生产方式为目的。在产品设计的计算机表达中，主要倾向于对产品的形态、色彩、材料等设计要素的模拟，是当今社会起主导作用的设计方式。

3D 打印是全新的领域，同样，3D 设计的领域也非常广泛，主要有建模、渲染、动画等多个方面。正向建模利用计算机辅助设计或 3D 建模软件设计生成所需的 3D 模型。一般用于快速成型的 CAD 模型可以是实体模型、曲面模型和线框模型，通常的应用以实体模型为主。在 CAD 系统中完成三维造型后，就要把数学模型转化成快速成型系统能够识别的文件格式，常用的有面片模型文件（如 STL、CFL 文件等）或层片模型文件（如 HPGL、LEAF、CLI 文件等）。下面介绍几款著名的计算机辅助设计与建模软件。

1. UG 软件

UG（UniGraphics）是 UniGraphics Solutions 公司推出的集 CAD/CAE/CAM 为一体的三维机械设计平台，也是当今世界最先进的计算机辅助设计、分析和制造软件之一，广泛应用于航空航天、汽车、造船等领域。UG 是一个交互式的计算机辅助设计（CAD）、计算机辅助工程（CAE）和计算机辅助制造（CAM）系统。它具备了当今机械加工领域所需的大多数工程设计和制图功能。UG 是一个全三维、双精度的制造系统，使用户能够比较精确地描述任何几何形体，通过对这些形体的组合，就可以对产品进行设计、分析和制图。

UG 可以为机械设计、模具设计及电器设计提供一套完整的设计、分析、制造方案：UG提供了包括特征造型、曲面造型、实体造型在内的多种造型方法，同时提供了自顶向下和自底向上的装配设计方法，也为产品设计效果图输出提供了强大的渲染、材质、纹理、动画、背景、可视化参数设置等支持。

2. SolidWorks 软件

SolidWorks 软件是著名的三维 CAD 软件开发供应商 SolidWorks 公司发布的领先市场的3D 机械设计软件，SolidWorks 软件是基于 Windows 平台的全参数化特征造型软件，它可以十分方便地实现复杂的三维零件实体造型、复杂装配和生成工程图。该软件可以应用于以规则几何形体为主的机械产品设计及生产准备工作中。SolidWorks 软件可以释放设计师和工程师的创造力，使他们只需花费同类软件所需时间的一小部分即可设计出更好、更有吸引力、在市场上更受欢迎的产品。

SolidWorks 软件功能强大，组件繁多。功能强大、易学易用和技术创新是 SolidWorks 软件的三大特点，这些特点使得 SolidWorks 软件成为领先的、主流的三维 CAD 解决方案。SolidWorks 软件能够提供不同的设计方案，可以减少设计过程中的错误，以及提高产品质量。SolidWorks 软件主要有草图绘制、零件设计、装配模块、工程图模块、钣金设计、模具设计、运动仿真等功能模块。

SolidWorks 为达索系统公司（Dassault Systemes S.A）下的子公司，专门负责研发和销售机械设计软件的视窗产品。达索系统公司负责系统性的软件供应，并为制造厂商提供具有互联网整合能力的支援服务。该集团提供涵盖整个产品生命周期的系统，包括设计、工程、制造和产品数据管理等各个领域中的最佳软件系统，著名的 CATIVA5 就出自该公司之手，目前达索系统公司的 CAD 产品市场占有率居世界前列。

3. Pro/E 软件

Pro/E（Pro/ENGINEER 操作软件）是美国参数技术公司（Parametric Technology Corporation，PTC）的重要产品，在目前的三维造型软件领域中占据着重要地位，并作为当今世界机械CAD/CAE/CAM 领域的新标准而得到业界的认可和推广，是现今最成功的 CAD/CAM 软件之一。

Pro/E 是第一个提出参数化设计概念的软件，并且采用了单一数据库来解决特征的相关性问题。另外，它采用模块化方式，用户可以根据自身的需要进行选择，而不必安装所有模块。Pro/E 软件基于特征的方式，能够将设计至生产全过程集成到一起，实现并行工程设计。它不但可以应用于工作站，而且可以应用到单机上。

Pro/E 软件采用了模块化方式，可以分别进行草图绘制、零件制作、装配设计、钣金设计、加工处理等，保证用户可以按照自己的需要进行选择使用。

1.1.2 逆向工程及建模

逆向工程（Reverse Engineering，RE），是把已有的产品模型（实物模型）或者影像资料等信息作为研究对象，运用现代先进设计理论、计算机技术和各个科学领域的相关知识及一系列分析方法等，通过对产品生产过程的解剖和制造特点的分析深化，对关键技术的掌握和对设计理念的探究，设计开发出更为优化的同类产品的过程，也称为反求工程。

1. Geomagic 逆向工程软件

Geomagic 是一家世界级的软件及服务公司，在众多工业领域（如汽车、航空、医疗设备和消费产品）得到广泛应用。其中 Geomagic Studio 是被广泛应用的逆向工程软件，可以帮助用户从点云数据中创建优化的多边形网格、表面或 CAD 模型。Geomagic Studio 软件的使用范围主要有零部件的设计、文物及艺术品的修复、人体骨骼及义肢的制造、特种设备的制造、体积及面积的计算，特别是不规则物体。

Geomagic Studio 软件的主要功能：点云数据预处理，包括去噪、采样等；自动将点云数据转换为多边形（Polygon）；多边形阶段处理，主要有删除钉状物、补洞、边界修补、重叠三角形清理等；把多边形转换为 NURBS 曲面；纹理贴图；输出与 CAD/CAM/CAE 匹配的文件格式（IGES、STL、DXF 等）。

Geomagic Studio 提供了四个处理模块：扫描数据处理（Capture）、多边形编辑（Wrp）、NURBS 曲面建模（Shape）、CAD 曲面建模（Fashion）。

2．Magics Rp 逆向工程软件

Magics Rp 是由比利时 Materialise N.V.公司推出的基于 STL 文件的通用增材制造数据处理软件，广泛应用于增材制造领域，是当今最具有影响力的第三方增材制造软件之一。

Magics Rp 主要包括以下功能：STL 文件的显示、测量、编辑、纠错和切片；切片轮廓的正确性验证；模型各个部件间的冲突检测；布尔运算（包括模型的拼接、任意剖分，添加导流管等功能）；模型加工时间预测、报价（依赖特定的增材制造设备）；模型的镂空、三维偏置；对 STL 模型添加 FDM、SL 工艺要求的支撑结构。

3．Imageware 逆向工程软件

Imageware 由美国 EDS 公司出品，是最著名的逆向工程软件，被广泛应用于汽车、航空航天、消费家电、模具、计算机零部件等设计与制造领域。

Surfacer 是 Imageware 的主要产品，主要用来做逆向工程，它处理数据的流程遵循点—曲线—曲面原则，流程简单清晰，软件易于使用，主要体现在以下几个方面。

（1）读入点阵数据。Surfacer 可以接收几乎所有的三坐标测量数据，此外还可以接收其他格式，如 STL、VDA 等。

（2）曲线创建过程。根据需要创建曲线，可以通过改变控制点的数目来调整曲线。若控制点增多则形状吻合度好，若控制点减少则曲线较为光顺。我们可以通过曲线的曲率来判断曲线的光顺性、检查曲线与点阵的吻合性，也可以通过改变曲线的曲率来改变曲线与其他曲线的连续性（连接、相切、曲率连续）。

（3）曲面创建过程。创建曲面的方法有很多，我们可以用点阵直接生成曲面（Fit Free Form）、用曲线通过蒙皮、扫掠、四个边界线等方法生成曲面，也可以结合点阵和曲线的信息来创建曲面，还可以通过其他如圆角、过桥面等生成曲面。

1.1.3　三维扫描测量技术

1．三维激光扫描仪

三维激光扫描仪基于光学原理，有非接触、无损伤、高精度、高速度，以及易于在计算机控制下实现自动化测量等一系列的特点，已经成为现代三维面形测量的重要途径和发展方向。

扫描仪先对物体做全方位的扫描，然后整理数据、三维造型、格式转换、输出结果。整个操作过程可以分为四个步骤：①物体数据化，普遍采用三坐标测量机或激光扫描仪来采集物体表面的空间坐标值。②从采集的数据中分析物体的几何特征，依据数据的属性，进行分割，采用几何特征和识别方法来分析物体的设计及加工特征。③物体三维模型重建，利用 CAD 软件，对分割后的三维数据做表面模型的拟合，得出实物的三维模型。④检验、修正三维模型。

按照扫描成像方式来分类，激光扫描仪可分为单点扫描仪、线列扫描仪和三维扫描仪；而按照工作原理来分类，扫描仪的扫描方法可分为脉冲测距法和三角测量法。

1）脉冲测距法

激光扫描仪由激光发射体向物体在时间 t_1 发送一束激光，由于物体表面可以反射激光，所以扫描仪的接收器在时间 t_2 接收到反射激光，由光速 c、时间 t_1、t_2 计算出扫描仪与物体之间的距离 $d=(t_2-t_1)c/2$。用该方式测量近距离物体时，会产生很大的误差，所以脉冲测距法比较适合测量远距离物体，如地形扫描，但是不适合近景扫描。

2）三角测量法

三角测量法的原理：首先用一束激光以某一角度聚焦在被测物体表面，然后从另一角度对物体表面上的激光光斑进行成像，物体表面激光照射点的位置高度不同，所接收散射或反射光线的角度也不同，用 CCD 光电探测器测出光斑像的位置，就可以计算出主光线的角度。最后结合已知激光光源与 CCD 光电探测器之间的基线长度 d，通过三角形几何关系推求出扫描仪与物体之间的距离 L。

三角测量法的特点：结构简单、测量距离大、抗干扰、测量点小、测量准确度高，但是会受到光学元件本身的精度、环境温度、激光束的光强和直径大小及被测物体的表面特征因素的影响。

2. 三维照相式扫描仪

1）三维照相式扫描仪的工作原理

三维照相式扫描仪采用结构光技术、相位测量技术及计算机视觉技术的三维非接触式测量方式，测量时光栅装置先投射结构光线到待测物体上，成一定夹角的两个或者多个摄像头同步采得相应图像，然后对图像进行相位和解码计算，并利用匹配技术和三角形测量原理，解算出两个或多个工业相机公共视场内物体表面像素点的三维坐标。其特点是一次测量一个面，扫描速度极快，数秒内可得到一百多万点，可搬到现场进行测量，工件或测量头可随意调节成便于测量的姿势，大景深（可达 300～500mm），测量范围大，精度高，测量点分布非常规则，大型物体可以分块测量、自动拼合。

2）三维照相式扫描仪的特点

"照相式"扫描仪是针对工业产品涉及领域的新一代扫描仪，与传统的激光扫描仪和三坐标测量系统比较，其测量速度提高了数十倍。由于有效地控制了整合误差，该扫描仪的整体测量精度也大大提高。其采用可见光将特定的光栅条纹投影到测量工作表面，借助两个高分辨率 CCD 数码相机对光栅干涉条纹进行拍照，利用光学拍照定位技术和光栅测量原理，可在极短时间内获得复杂工作表面的完整点云。其独特的流动式设计和不同视角点云的自动拼合技术使扫描大型工件变得高效、轻松和容易。其高质量的完美扫描点云可用于汽车制造业中的产品开发、逆向工程、快速成型、质量控制，甚至可以实现直接加工。

3）三维激光扫描技术的应用

三维激光扫描技术的应用面非常宽广，在诸多领域，如逆向工程、数据可视化、计算机辅助设计、虚拟现实环境、数字文物、数字博物馆、数字考古、地形勘测、犯罪现场检测、数字城市、城市规划、数字娱乐（游戏、动画、电影）等，均有广泛的应用。

1.1.4 点云数据处理

点云就是使用各种三维数据采集仪采集得到的数据，它记录了有限体表面在离散点上的各种物理参量。由于测量设备的缺陷、测量方法和零件表面质量的影响，通过测量所获得的数据不可避免地引入了误差，尤其是尖锐边和边界附近的测量数据，测量数据中的坏点可能使该点及其周围的曲面片偏离原曲面，所以要对原始点云数据进行预处理。其主要的处理工作包括去除噪声点、数据插补、数据平滑、数据精简、数据分割、多视点云的对齐等。

1. 去除噪声点

无论使用何种数据采集方式，获得的数据中均存在一定的超差点或错误点，统称为噪声点，通常是测量设备的标定参数或测量环境发生变化导致的。常用的检查方法如下。

（1）将点云显示在图形终端上，或者生成曲线，采用半交互半自动的光顺方法对点云数据进行检查调整，但对于数量较大的点云并不适宜。

（2）考虑两个连续点之间的角度，若某点与它前一点的角度超过某一规定值，则剔除该点。

（3）将这些点移动到一个平均值。

（4）将测量点沿给定的轴在规定的距离范围内向上或向下移动。

2. 数据插补

对于一些测量不到的区域，会出现数据空白现象，这使得逆向建模变得困难，需要通过数据插补的方法来补齐缺失数据。目前应用于逆向工程的数据插补方法或技术主要有实物填充法、造型设计法和曲线、曲面插值补充法。

3. 数据平滑

数据平滑通常采用高斯（Gaussian）、平均（Averaging）或中值（Median）滤波算法。高斯滤波算法在指定域内的权重为高斯分布，其平均效果较小，故在滤波的同时能较好地保持原数据的形貌。平均滤波算法采样点的值取滤波窗口内各数据点的统计值，这种滤波算法消除数据毛刺的效果很好。实际使用时，可根据点云质量和后续建模要求灵活选择滤波算法。

4. 数据精简

为提高高密度数据点云在曲面重构时的效率和质量，需要按一定要求精简测量点的数量。不同类型的点云可以采用不同的精简方式，散乱数据点云可以通过随机采样的方法来精简；扫描线点云和多边形点云可以采用等间距精简、倍率精简、等量精简和弦偏差等方法来精简；网格化点云可以采用等分布密度法和最小包围区域法等进行数据精简。

5. 数据分割

数据分割是根据组成实物外形曲面的子曲面类型，将属于同一子曲面类型的数据成组，这样全部数据划分为特征单一、互不重叠的区域，为后续的曲面模型重建提供方便。目前数据分割方法主要有基于边的方法、基于面的方法和基于群簇的方法。

（1）基于边的方法：它是先根据数据点的局部几何特性由点集中检测到边界点，然后进行边界点的连接，最后，根据检测的边界将整个数据集分割为独立的多个点集。但该方法计算量大，计算过程复杂。

（2）基于面的方法：该方法是根据指定的曲面方程拟合数据点集，此过程是个迭代的过程，迭代过程可以分为自底向上、自顶向下两种；自底向上方法是从一些种子点开始，按某种规则不断加进周围点。此方法的关键在于种子点的选择、扩充策略。自顶向下方法是假设所有点属于同一个面，若拟合过程中误差超出要求，则把原集合分为两个子集。此方法的难点在于怎样分割，目前有些方法采用直线分割。此类方法实际使用较少。

（3）基于群簇的方法：它是通过群簇技术把局部几何特征参数相似的数据点聚集为一类，但聚类方法需要预先指定分类的个数，容易出现细碎面片，往往要对细碎面片进行进一步处理。

6．多视点云的对齐

在逆向工程实际运用的过程中，由于坐标测量都有自己的测量范围，因此无论我们采用哪种测量方法，都很难在同一坐标系下将产品的几何数据一次完全测出。产品的数字化不能在同一坐标系下完成，而在模型重建的时候又必须将这些不同坐标系下的数据统一到一个坐标系下，这个数据处理过程就是多视点云的对齐，或数据拼合。

1.2 三维模型的 STL 文件

1．STL 数据文件格式

STL 数据文件格式是一种三维面片型的数据文件格式，基于 STL 文件的切片技术成为增材制造所需的切片数据的主要来源。STL 文件包含许多空间小三角形的数据，其基本原理是采用小三角形面片去逼近三维实体的自由曲面。其中每个三角形面片都用一个法向矢量、三个顶点的坐标来描述。许许多多小三角形面片构成了三维 STL 模型的所有表面。三角形面片如图 1-1 所示。

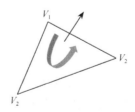

图 1-1　三角形面片

STL 只能用来表示封闭的面或者体。STL 文件格式简单，只能描述三维物体的几何信息，不支持颜色材质等信息。

2．STL 文件格式的优缺点

1）STL 文件格式的优点

（1）格式简单，文件中只包含相互衔接的三角形面片节点坐标及其外部法向矢量坐标。不涉及复杂的数据结构，表述上也没有二义性，因而 STL 文件的读写都非常简单。

（2）与 CAD 建模方法无关，在当前的商用 CAD 造型系统中，主要存在特征表示法（Feature Representation）、构造实体几何法（Constructive Solid Geometry，CSG）、边界表示法（Boundary Representation，B-Rep）等主要形体表示方法，以及参量表示法（Parametric Representation）、单元表示法（Cell Representation）等辅助形体表示方法。

当前的商用 CAD 软件系统一般根据应用的要求和计算机技术条件采用上述几种表示方法的混合方式，其模型的内部表示格式都非常复杂。但无论 CAD 系统采用何种表示方法及何种内部数据结构，它表达的三维模型表面都可以离散成三角形面片并输出 STL 文件。

2）STL 文件格式的缺点

（1）数据冗余，文件庞大。高精度的 STL 文件比原始 CAD 数据文件大许多倍，具有大量数据冗余，网络传输效率很低。

（2）使用小三角形面片来近似三维曲面，存在曲面误差。由于各系统网格化算法不同，误差产生的原因与趋势也各不相同。要想减少误差，一般只能采用增大 STL 文件精度等级的方法，这导致文件长度增加，结构更加庞大。

（3）缺乏拓扑信息，容易产生错误，切片算法复杂。由于各种 CAD 系统的 STL 转换器不尽相同，在生成 STL 文件时，容易产生多种错误，诊断规则复杂，并且修复非常困难，增加了增材制造技术的加工难度与制造成本。

1.2.1　格式及精度

STL 文件有 2 种格式来对数据进行存储：ASCII 格式和二进制格式。通过保存矢量三角形的相关信息来确保文件的通用性，并且这 2 种文件格式间的相互转换不会引起任何信息的丢失。

1. STL 文件的 ASCII 格式

1）ASCII 格式的 STL 文件结构

ASCII 格式的 STL 文件结构主要由三大部分组成：引导关键词、顶点坐标和法向矢量坐标。

任何 ASCII 格式的 STL 文件都以 solid 引导开始，以 end solid 标志结束，两个关键词之间就包含了所有三角形面片的坐标数据。每个三角形面片坐标数据，均以 facet 引导开始，以 end facet 标志结束。facet 放置的法向矢量坐标以 normal 引导开始，而顶点坐标以 outer loop 引导开始，以 end loop 标志结束，并利用 vertex 引导每个顶点的 x、y、z 三个坐标值。

ASCII 格式的 STL 文件逐行给出三角形面片的几何信息，每一行以 1 个或 2 个关键字开头。在 STL 文件中的三角形面片的信息单元 facet 是一个带矢量方向的三角形面片，STL 三维模型就是由一系列这样的三角形面片构成的。整个 STL 文件首行给出了文件路径及文件名。在一个 STL 文件中，每一个 facet 由 7 行数据组成，facet normal 是三角形面片指向实体外部的法向矢量坐标，outer loop 说明随后的 3 行数据分别是三角形面片的 3 个顶点坐标，3 顶点沿指向实体外部的法向矢量方向逆时针排列（右手法则，大拇指代表法向矢量）。

下面以 Notepad 记事本软件中文本格式的 STL 文件的前几行文字为例来简要介绍 STL

文件结构。（"//"及其后文字为作者加的注释文字）

---

solid filename//自定义文件头，solid 及最后的 end solid 表示其间文本代表整个三角形面片构成的网络的数据；filename 就是这个 STL 文件的文件名

facet normal x y z//facet 和后面的 end facet 表示其间文本代表一个三角形面片的数据；法向矢量的 3 个分量值，normal 就是该三角形面片的法向矢量，x、y、z 是该法向矢量的三个数值

outer loop

vertex x y z//三角形面片第一个顶点坐标，vertex 是顶点的意思

vertex x y z//三角形面片第二个顶点坐标

vertex x y z//三角形面片第三个顶点坐标

end loop

end facet//完成一个三角形面片定义

……

end solid filename stl//整个 STL 文件定义结束

2）ASCII 格式的特点

ASCII 格式的特点：能被人工识别并被修改；文件占用空间大（一般 6 倍于 BINARY 形式存储的 STL 文件）；主要用来调试程序。

从 STL 数据模型可以看出，它拟合实体表面的三角形面片信息是散乱、无序存储的，平面片与平面片之间没有体现几何拓扑关系的信息，因此不能保证实体模型的有效性、封闭性。在每一个三角形面片的信息中都给出组成三角形面片的 3 个顶点坐标值。在相邻的三角形面片的信息中，这些顶点的坐标值被重复给出，如果一个顶点为多个三角形面片所共有，那么同样的顶点坐标值将在每个三角形面片中重复给出，造成了大量的冗余数据。

2. STL 文件的二进制格式

1）二进制格式的 STL 文件结构

二进制格式的 STL 文件用 84 字节的头文件和 50 字节的后述文件来描述一个三角形。这种格式的 STL 文件是从偏移地址 0 开始的，头 80 字节的存储空间用于存放头文件信息，存放零件的名字，第 80～83 字节地址空间用来存放该模型总的三角形面片的数量，每个三角形面片的数据信息则存放在后面的地址空间中。

二进制格式的 STL 文件给每个三角形面片分配了 50 字节的地址，主要分配如下：头 3 个 4 字节地址空间依次存放法向矢量的 x、y、z 坐标值；最后的 2 字节空间用来描述三角形面片的属性信息，包括颜色、属性等；中间的所有字节存放三角形面片的 3 个顶点坐标，同样是一个数据占 4 字节空间。

2）二进制格式的特点

我们注意到每个面的大小都是 50 字节，如果所生成的 STL 文件是由 10000 个小三角形构成的，加上 84 字节的头文件，那么该二进制格式的 STL 文件的大小便是 $84+50\times10000=500084B\approx0.5MB$。若在同样的精度下，采用 ASCII 形式输出该 STL 文件，则此时的 STL 文件的大小约为 $6\times0.5=3.0MB$。

3．STL 文件的精度

（1）小三角形数量的多少直接影响着近似逼近的精度。

STL 文件的数据格式采用小三角形来近似逼近三维实体模型的外表面，小三角形数量的多少直接影响着近似逼近的精度。从本质上看，用有限的小三角形面片的组合来逼近 CAD 模型表面，是原始模型的一阶近似，因为它不包含邻接关系信息，不可能完全表达原始设计的意图，和真正的表面有一定的距离，而在边界上有凸凹现象，所以无法避免误差。

弦差指的是近似三角形的轮廓边与曲面之间的径向距离。从弦差、表面积误差及体积误差的本身对比和表面积误差、体积误差之间的对比可以看出：随着三角形数目的增多，同一模型采用 STL 格式逼近的精度会显著地提高；不同形状特征的 CAD 模型，在相同的精度条件要求下，最终生成的三角形数目的差异很大。

（2）过高的 STL 文件精度要求也是不必要的。

过高的精度要求可能会超出快速成型制造系统所能达到的精度标准，而且三角形数量的增多会引起计算机存储容量的加大，同时使切片处理时间显著增加，有时截面的轮廓会产生许多小线段，不利于激光头的扫描运动，导致生产效率低下和表面不光洁。

1.2.2 基本规则与错误类型

1．STL 文件的基本规则

1）共顶点规则

每两个相邻的小三角形面片必须且只能共享两个顶点。也就是说，一个小三角形面片的顶点不能落在相邻的任何一个小三角形面片的边上。图 1-2 所示为三角形中存在问题的点。

存在问题的点

图 1-2 三角形中存在问题的点

2）取向规则

对于每一个小三角形面片，其法向矢量必须向外，3 个顶点连成的矢量方向按照逆时针方向的顺序确定（右手法则），而且，对于相邻的小三角形面片，不能出现取向矛盾。图 1-3 所示为切面的方向性示意图。

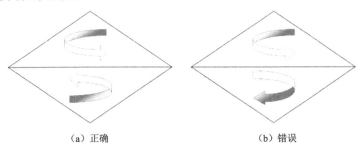

（a）正确　　　　　　　　　　（b）错误

图 1-3 切面的方向性示意图

3）取值规则

每个小三角形面片的顶点坐标值必须是正值，零和负值都会导致失败。

4）充满规则

在三维模型的所有表面上，必须布满小三角形面片，不得有任何遗漏。这就叫作充满规则，也被称作合法实体规则。

5）欧拉公式

STL 文件中顶点数 V、边数 E、面片数 F 之间必须符合欧拉公式。

$$F - E + V = 2 - 2H$$

其中，F（Face）、E（Edge）、V（Vertex）、H（Hole）分别指面数、边数、点数和实体中穿透的孔洞数。若轮廓不封闭，则不能产生填充扫描数据，会造成成型制作的失败。

2. STL 文件错误产生的原因

（1）在将 CAD 模型转化为 STL 文件时，会由于算法的不完善而产生错误，如间隙、法向矢量错误、重叠面等。现代大多数 CAD 系统的曲面造型均建立在裁剪曲面体系上，绝大多数具有复杂外形的产品在曲面造型时要进行多次裁剪操作，从而往往使曲面的边界极不规则。特别是由于裁剪曲面（Trimmed Surface）边界的近似性，导致两个相邻的裁剪曲面之间的公共边界的表示精度不同，容易产生裂缝和重叠。

（2）在把用面框模型方法设计的 CAD 模型转化为 STL 文件时，由于面框模型的局限性和算法的不完善，也容易产生相邻三角形面片的法向矢量所确定的零件内外不一致等错误。

（3）CAD 设计本身的问题或错误。3D 打印模型的内外表面必须是连续的、封闭的，不允许有间隙等缺陷。然而，CAD 模型不总是满足这些要求，特别是用面框模型方法构造 CAD 模型时更是如此。

3. 常见的 STL 文件错误类型

1）遗漏（间隙）

遗漏错误产生原因示意图如图 1-4 所示。出现遗漏的原因：一是 2 个小三角形面片在空间的交差 [见图 1-4（a）]，这种情况主要是在低质量的实体布尔运算生成 STL 文件过程中产生的；二是 2 个连接表面在三角形化时不匹配 [见图 1-4（b）]。

（a）2 个小三角形面片在空间的交差　　　　　　（b）2 个连接表面在三角形化时不匹配

图 1-4　遗漏错误产生原因示意图

2）退化面——孤立面（Orphan Surface）

退化的面是 STL 文件中另一个常见的错误。退化面形成示意图如图 1-5 所示。不像上面所说的错误，它不会造成快速成型加工过程的失败。这种错误主要包括以下 2 种类型：

①点共线［见图 1-5（a）］。或者是，不共线的面在数据转换过程中形成了三点共线的面。②点重合［见图 1-5（b）］。或者是，在数据转换运算时造成了这种结果。

（a）点共线　　　　　　　　　　　　　　（b）点重合

图 1-5　退化面形成示意图

尽管退化面并不是很严重的问题，但这并不是说，它就可以忽略。一方面，该面的数据要占空间；另一方面，也是更重要的，这些数据有可能使快速成型前处理的分析算法失败，并且使后续的工作量加大和造成困难。

3）模型错误

模型错误不是在 STL 文件转换过程中形成的，而是由 CAD/CAM 系统中原始模型的错误引起的，这种错误将在快速成型制造过程中表现出来。

4）法向矢量错误

法向矢量错误，即三角形的顶点次序与三角形面片的法向矢量不满足右手法则。进行 STL 格式转换时，会因未按正确的顺序排列构成三角形的顶点而导致计算所得法向矢量的方向相反。

5）重叠面

如果存在一个内部重叠面，那么扫描时会在重叠位置间断，会引起成型制作的质量问题。

1.2.3　分割和拼接

1．STL 文件分割与拼接的意义

在实际快速成型制作过程中，如果所要制作的模型尺寸相对于快速成型系统台面尺寸过大或过小，那么必须要对 STL 模型进行剖切处理或者有必要进行拼接处理。

（1）拼接可以将多个尺寸相对偏小的 STL 模型合并成一个 STL 模型，并在同一工作台上同时成型。目的是节省快速成型机的机时，降低成型费用，提高成型效率。

（2）如果一个 STL 模型的尺寸超过了成型机工作台尺寸而无法一次成型，那么可采用分割 STL 模型的方法将一个 STL 模型分成多个 STL 模型，而后在成型机上依次加工，将加工好的各个部分黏合还原成整体模型，这样就解决了快速成型机加工尺寸范围有限的问题。

2．分割的基本原理

将一个 STL 文件分成两个新 STL 文件，即用多个面将一个 STL 模型分成若干部分，每部分重新构成一个 STL 模型，每个新 STL 文件对应一个新生成的 STL 模型。具体地说，分割就是用一个平面将一个空间物体分成两部分，实际上是平面与空间物体的求交问题。

分割后的每部分必须要有构成完整三维实体模型的几何信息。快速成型系统中的三维实体模型是由许多个空间三角形逼近的表面模型，因此分割实质上就是如何将若干空间三角形以一个平面为界，分成若干空间三角形集合的问题。位于平面不同侧面的三角形集合构成不同的小实体。

但是，每个小实体均缺少一个封闭面，存在一个"空间"，就像一个桶缺少一个盖子一样，因此，必须要生成一个封闭面，将每一个实体完全封闭。

三维实体表面与切割平面相交的交线是截面轮廓线，显然，截面轮廓线不可能直接构成一个面，必须将截面轮廓的内环和外环之间的区域、单个外环内的区域用三角形网格填充封闭，形成轮廓截面，这个轮廓截面就是实体的封闭面。加入该封闭面，每个实体就可以形成一个完整独立的三维 CAD 实体模型。至此，一个实体被分割成两个实体。

3. 拼接基本原理

在两个原 STL 模型不发生干涉的情况下，按一定的要求先对某一个 STL 模型进行平移或旋转变换，然后把两个 STL 模型数据都保存在一个 STL 文件中，从而使两个 STL 模型变成了一个新 STL 模型，两个 STL 文件合并成为一个新的 STL 文件。

拼接的基本任务就是将某一个原 STL 模型包含的空间三角形进行平移、旋转的几何位置变换，获得具有最佳相对位置的新 STL 文件。

1.3 三维模型的切片处理

目前，国际上部分 STL 浏览和编辑软件具有 STL 文件的分割功能，最具代表性的有 Magics、Netfabb、SolidView、Simplify3D、Cura 等软件系统。专业数据处理软件系统包括模型设计处理和路径规划等较为完整的数据处理模块，集成了增材制造所需的常用数据处理功能，如数据读取、模型预处理、模型检测、模型修复、支撑设计、切层轮廓生成、布局排样、路径规划等。

三维打印中最重要的组成部分之一便是切片技术，切片技术使用切片算法，通过一定的方式将计算机中存储的二维数字模型转换为三维打印机器能够识别的 G 代码，指导二维打印机器实现二维打印，因此切片算法的选择在很大程度上影响着三维打印产品的成型速度及成型质量。

切片的目的是要将模型以片层方式来描述。通过这种描述，无论零件多么复杂，对每一层来说却是很简单的平面。切片处理是将计算机中的几何模型变成轮廓线来表述。这些轮廓线代表了片层的边界，轮廓线是由一系列的环路来组成的，而一个环路是由许多点来组成的。

切片软件的主要任务是接收正确的 STL 文件，并生成指定方向的截面轮廓线和网格扫描线。图 1-6 所示为切片软件的主要作用及任务。

图 1-6 切片软件的主要作用及任务

1.3.1　模型的摆放和支撑结构

1．模型的摆放

摆放方向可能对零件强度产生明显的影响，特别是对于需要承受力的零件。FDM 技术有各向异性的问题，XY 平面方向的强度会和 Z 方向的强度不一样。FDM 技术打印的零件如果在 Z 方向受到了拉伸力，那么会比较容易产生分层或者断裂的问题，同样的力应用到 XY 方向则可能没有问题。通过一些公开的测试报告可知，XY 方向承受拉伸力的强度有可能是 Z 轴方向的 5 倍。

不同的摆放方法，对添加支撑的要求也不一样。选择成型方向主要需要考虑以下几条原则。

（1）使垂直面数量最大化。

（2）使法向上的水平面最大化。

（3）使模型中孔的轴线平行于加工方向的数量最大化。

（4）使平面内曲线边界的截面数量最大化。

（5）使斜面的数量最少。

（6）使悬臂结构的数量最少。

2．支撑材料

目前 FDM 技术常用的支撑材料有可剥离性支撑材料和水溶性支撑材料两种。

（1）可剥离性支撑材料，具有一定的脆性，并且与成型材料之间形成较弱的黏结力。

（2）水溶性支撑材料，要保证良好的水溶性，应能在一定时间内溶于水或酸碱性水溶液。与可剥离支撑材料相比较，水溶性支撑材料特别适合制造空心及微细特征零件，解决了手工不易去除支撑材料，或因模型特征太脆弱而被拆破的问题，并且能够提升支撑材料接触面的光洁度。常用的水溶性支撑材料有 PVA（可溶于水）、HIPS（可溶于柠檬烯），成型完毕后将制件置于水中，支撑材料即可融化，去除非常方便。

支撑材料的收缩率越小越好，如果支撑材料收缩率大，那么会使支撑材料产生翘曲变形而起不到支撑作用。FDM 过程中丝料要经受固态—液态—固态的转变，故要求支撑材料在相变过程中要有良好的化学稳定性。支撑材料要长时间处于 80℃ 左右的工作环境中，所以要求材料应有较高的玻璃化转变温度，并且在 80℃ 左右的温度下还应保持一定的力学强度。

3．支撑的作用和类型

支撑是为模型提供支撑和定位的辅助结构，良好的支撑必须保证足够的强度和稳定性，防止变形和偏移。有的模型本身相对复杂，甚至有嵌套结构，但是上下宽度相同，或是下大上小，没有悬空的部分，因而也就不用添加支撑。任何超过 45° 的突出物都需要额外的支撑材料，添加完支撑之后还要进行分层操作。

支撑的主要类型有点支撑、线支撑、网支撑、块支撑、轮廓支撑、三角支撑、整体支撑等。按其作用不同，支撑可分为基底支撑和对零件模型的支撑两种。

（1）基底支撑的主要作用：便于将零件从工作台上取出；保证预成型的制件处于水平位置，消除工作台不平整所引起的误差；有利于减小或消除翘曲变形。

（2）对零件模型的支撑是为模型提供支撑和定位的辅助结构，良好的支撑必须保证足够的强度，使自身和其承载模型不会变形或偏移，保证零件模型的精度和质量。

4. 支撑的加工与去除

支撑的加工必然要消耗一定时间，在满足支撑作用的前提下，加工时间越短越好。因此，在满足强度的前提条件下，支撑应尽可能小，也可加大支撑扫描间距，从而缩短支撑成型时间。

目前，许多 FDM 成型机已经采用双喷头进行成型，一个喷头加工实体材料，另一个加工支撑材料，实体材料和支撑材料并不相同，如此不仅可以节省加工时间，也便于去除支撑材料。

制件制造完成后，需要将支撑和本体分开。如果制件和支撑黏结过分牢固，那么不但不易去除，还会降低制件的表面质量，甚至可能在去除时破坏制件。显然，支撑与制件结合部分越小，支撑越容易去除。在不发生翘曲变形的前提下，建议将结合部分设计成锯齿形以方便去除。

1.3.2 分层切片软件

1. 切片算法的基本思路

快速成型制造技术实质上是分层制造、层层叠加的过程，分层切片是指对已知的三维 CAD 实体数据模型求某方向的连续截面的过程。切片模块在系统中起着承上启下的作用，其结果直接影响加工零件的规模、精度和复杂程度，它的效率也关系到整个系统的效率。

切片处理的数据对象只是大量的小三角形面片，因此切片的问题实质上是平面与平面的求交问题。由于 STL 三角形化模型代表的是一个有序的、正确的、且唯一的 CAD 实体数据模型，因此对其进行切片处理后，其每一个切片截面应该由一组封闭的轮廓线组成。

图 1-7 所示为 STL 切片处理过程。几何体指的是经过 STL 格式化的模型。平面指的是垂直于成型方向的一组相互平行的平面。其算法的基本思想：计算每一层的截面轮廓时，分析各个三角形面片和切片平面的位置关系，若相交，则求交线。求出模型与该切片平面的所有交线后，将各段交线有序地连接起来，得到模型在该层的截面轮廓。

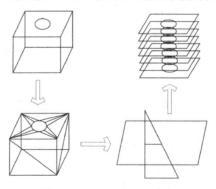

图 1-7 STL 切片处理过程

2. 切片的过程

切片的过程如下。

（1）将三维模型转化成 STL 文件。

（2）沿成型高度方向（一般为 Z 方向），自上而下，每间隔一定高度（如 0.1mm），逐一用与 Z 轴正方向垂直的平面与 STL 格式化的模型相交，求取它们的交点。

（3）在获得交点后，可以根据一定的规则，选取有效顶点组成边界轮廓线。

（4）获得边界轮廓后，按照外轮廓逆时针、内轮廓顺时针的方向标记，为后续扫描路径生成中的算法处理做准备。

（5）切片的整个过程一般由快速成型系统所附带的切片处理软件来完成，切片处理软件能按照设计的程序自动提取模型的截面轮廓，并对内外边界进行标定。

3．切片软件

分层软件，就是把 3D 模型按照层厚设置沿 Z 轴方向的分层，并得到 G 代码，供设备使用。常见的通用切片软件有 Cura、Simplify3D、Repetier Host。

（1）Cura 是 Ultimaker 公司设计的 3D 打印软件，以"高度整合性"和"容易使用"为设计目标。它包含了所有 3D 打印需要的功能，有模型切片及打印机控制两大部分。Cura 的优点：快速 3D 模型切片预打印文件的切片精度最高可到 20μm；具有更加简单易用的软件界面；支持多种工业标准文件类型（STL/OBJ/DAE/AMF）；设置 4 个简单参数便可快速入门打印；具有多参数设置的专家模式。

Cura 是一个通过 Python 语言实现的，使用 wxPython 图形界面框架的 3D 打印切片界面软件，说它是界面软件是因为 Cura 本身并不会进行实际的切片操作。

实际的切片工作是由一个 C++实现的 Cura Engine 命令行软件来具体负责的，用户在 Cura 界面上的绝大多数操作，如加载模型、平稳旋转缩放、参数设置等最终会转换并执行一条 Cura Engine 命令；Cura Engine 命令把输入的 STL、DAE 或 OBJ 模型文件切片输出成 G-Code 字符串返回给 Cura；Cura 再把 G-Code 在 3D 界面上可视化成路径展现给用户。

（2）Simplify3D 是一款专业实用的 3D 打印切片软件，该软件拥有强大的功能，可自由添加支撑，支持双色打印和多模型打印，可预览打印过程，且软件自带多种填充图案，可以与主流的打印机兼容。

（3）Repetier Host，这款软件使用便捷，易于设置，具有手动调试、模型切片等一系列功能。这款软件非常适合创客发烧友使用，更方便、更廉价、更适合手动调整。

1.3.3　切片的分类

1．STL 切片

1）容错切片

容错切片（Tolerate Errors Slicing）：基本上避开了 STL 文件三维层次上的纠错问题，可以直接对 STL 文件切片，并在二维层次上进行修复。由于二维轮廓信息十分简单，并具有闭合性、不相交等简单的约束条件，特别是对于一般机械零件实体模型而言，其切片轮廓多由简单的直线、圆弧、低次曲线组合而成，因而能容易地在轮廓信息层次上发现错误，依照以上多种条件与信息，进行多余轮廓去除、轮廓断点插补等操作，可以切出正确的轮廓。对于不封闭的轮廓，采用评价函数和裂纹跟踪处理，在一般三维实体模型随机丢失 10%三角形的情况下，都可以切出有效的边界轮廓。

2）适应性切片

适应性切片（Adaptive Slicing）：根据零件的几何特征来决定切片的层厚，在轮廓变化频繁的地方采用小厚度切片，在轮廓变化平缓的地方采用大厚度切片。与统一层厚切片方法比较，适应性切片可以减小 Z 轴误差、阶梯效应及数据文件的长度。适应性切片与等层厚切片比较的示意图如图 1-8 所示。

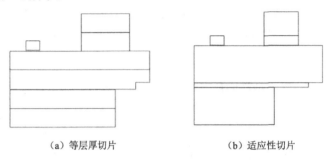

（a）等层厚切片　　　　　　　　　　　（b）适应性切片

图 1-8　适应性切片与等层厚切片比较的示意图

用 STL 文件表示设计模型的高次曲面时，往往会出现文件大、精度低的问题，直接影响最终模型的精度与 3D 打印系统的制件能力。随着制造技术的发展，工业应用的曲面要求越来越高，STL 文件出现了一系列的问题：大量的数据冗余，常常存在空洞、裂缝、边重叠、悬边、悬面、法向矢量不正确等缺陷，降低了模型精度，丧失了拓扑信息。

2．直接切片

直接切片是指直接从 CAD 设计模型中获取曲线截面轮廓边界，这种切片方式可以避免三维模型的表面近似问题，具有更高的精确度，也可以缩短快速成型的前处理时间，避免 STL 文件的检查和纠错，还可以减少模型文件的数据量，能直接采用 3D 打印数控系统的曲线插补功能，从而提高 3D 打印制件的精度和表面质量。

CAD 模型进行直接切片的优点：缩短快速成型的前处理时间；避免 STL 文件的检查和纠错；降低模型文件的规模；直接采用 3D 打印数控系统的曲线插补功能，从而提高工件的表面质量；提高成型件的精度。

1.3.4　层片数据处理

层片数据处理是指对层片进行路径规划，层片路径规划包括截面内外轮廓识别、光斑补偿和填充扫描三个部分。

1．截面内外轮廓识别

图 1-9 所示为截面内外轮廓的示意图。设轮廓 a 的坐标极小值点为 $A(x_{min}, y_{min})$，极大值点为 $A'(x_{max}, y_{max})$，轮廓 b 的坐标极小值点为 $B(x'_{min}, y'_{min})$，极大值点为 $B'(x'_{max}, y'_{max})$，则轮廓 a 和轮廓 b 的包含关系为：

$$x_{max} > x'_{max}, \quad x_{min} < x'_{min}$$

$$y_{max} > y'_{max}, \quad y_{min} < y'_{min}$$

当有多个轮廓的时候，需要对内轮廓和外轮廓进行判别，判断内外轮廓的方法：将该层所有的轮廓定义为一棵根节点为"R"的"树"，每个轮廓代表一棵"子树"，根节点"R"的子节点为最外一层轮廓，根据"如果轮廓 a 包含轮廓 b，那么 b 为 a 的子节点"的规则，将该截面的所有轮廓构建为一棵"树"。轮廓对应的"树"如图 1-10 所示。根节点"R"的子节点为最外一层轮廓，下一层为内轮廓，也就是说从根节点往下每层节点依次为"外轮廓—内轮廓—外轮廓"。由此可以看出，图 1-10 所示的截面外轮廓为 a、d、e，内轮廓为 b、c。

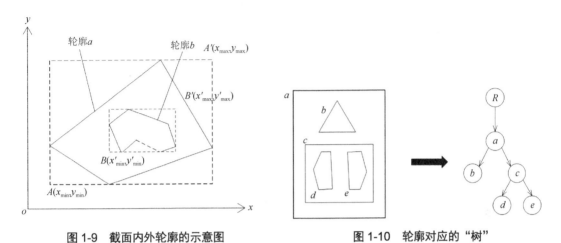

图 1-9　截面内外轮廓的示意图　　　　　　　图 1-10　轮廓对应的"树"

2．光斑补偿

在实际的打印过程（如 SLA 技术）中，光束在液面处会形成一定尺寸的光斑，当光斑较大时，就会降低打印成品的精度，所以必须根据切片的截面轮廓对光斑进行半径补偿。光斑补偿的实质是计算 3D 打印中边缘光束的位置连接线轨迹，即与轮廓线等距的路径。截面外轮廓应向内偏移，内轮廓应向外偏移。光斑补偿方向如图 1-11 所示。

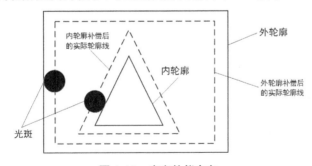

图 1-11　光斑补偿方向

3．填充扫描

目前的扫描方式有多种，最常用的是行扫描方式，该方式是用一组平行的往返直线对层片进行填充扫描。该方式的基本思想是：首先，将组成该层面的截面轮廓线段按照扫描线的高度进行分组，然后，计算每一组内扫描线与轮廓线的交点，最后，将求得的交点进行排序连接。

4．G-Code

G-Code 也称"G 代码"，它是一种控制打印设备的语言，包含了控制打印机动作的完整指令步骤。比如，告诉机器应该移动到什么位置，通过什么样的路径移动，何时开始，何时停止，根据这样的指令，完成某个 3D 模型的打印。G-Code 可以由几种不同的方式生成。

（1）用像 Slic3r、Skeinforge 或者 Cura 这样的软件生成。这种方式是先将 CAD 模型进行切片处理，然后为每一层生成对应的 G-Code。

（2）用低级库文件 Mecode 生成 G-Code。Mecode 库可以精确控制路径。这种方式适合复杂的打印，但是没有合适的切片方式。

（3）自己写 G-Code。这种方式适合在测试打印机时让打印机进行打印测试。

☿ 第2章 ☿

增材制造材料及制备

2.1 金属打印材料

近年来，3D 打印技术逐渐应用于实际产品的制造，其中，金属材料的 3D 打印技术发展尤其迅速。3D 打印所使用的金属材料一般包括金属粉末和金属丝材。

2.1.1 常用的金属打印材料

1. 钛合金材料

钛是一种重要的结构金属，钛合金因具有强度高、耐蚀性好、耐热性好等特点而被广泛用于制作飞机发动机的压气机部件，以及火箭、导弹和飞机的各种结构件。钛合金材料抗腐蚀性能优良，生物相容性良好（生物骨骼及其医学替代器件方面）。

钛合金也可以用于加工专为病人量身定做的植入手术所需的人工关节或其他精密部件等。利用电子束将钛金属的粉末在真空中加热至熔融，并在计算机辅助设计下精确成型（如制成钛膝关节、髋关节等）。由于钛粉末能在真空中熔融并成型，故可以避免在空气中熔融所造成的氧化缺陷等质量问题。

2. 不锈钢材料

不锈钢以其耐空气、蒸气、水等弱腐蚀性介质和酸、碱、盐等化学浸蚀性介质的腐蚀而得到广泛应用。不锈钢粉末是金属 3D 打印经常使用的一类性价比较高的金属粉末材料。应用于金属 3D 打印的不锈钢主要有三种：奥氏体不锈钢 316L、马氏体不锈钢 15-5PH、马氏体不锈钢 17-4PH。

（1）奥氏体不锈钢 316L，具有高强度和耐腐蚀性，能在很大的温度范围下降到低温，可以应用于航空航天、石化等多种工程应用，也可以用于食品加工和医疗等领域。

（2）马氏体不锈钢 15-5PH，又称马氏体时效（沉淀硬化）不锈钢，不仅具有很高的强度、良好的韧性、优异的耐腐蚀性，而且可以进一步地硬化，是无铁素体。目前，广泛应用于航空航天、石化、化工、食品加工、造纸和金属加工业等领域。

（3）马氏体不锈钢 17-4PH，在高达 315℃的温度条件下仍具有高强度、高韧性，而且耐腐蚀性超强，随着激光加工状态的改变可以展现出极佳的延展性。

3. 铝合金材料

应用于 3D 打印的铝合金是具有良好的热性能的轻质增材制造金属材料，同时具有熔点低、重量轻、负重强度大的优点。该材料可应用于薄壁及复杂零件如换热器或其他汽车零部件，还可应用于航空航天及航空工业级的模型及生产零部件。常用的 3D 打印铝合金主要有铝硅 $AlSi_{12}$ 和 $AlSi_{10}Mg$ 两种。

4．铜基合金

铜基合金具有良好的导热、导电性能，耐磨与减磨性能好（铜粉易氧化，成分设计很重要）。

5．钴铬合金

钴铬合金是一种以钴和铬为主要成分的高温合金，它的抗腐蚀性能和机械性能都非常优异，用其制作的零部件强度高、耐高温。

6．镍基合金

镍基合金的综合性能良好，抗氧化、抗腐蚀能力优良（多用于制备航空发动机的涡轮，属于一种记忆合金）。

2.1.2 金属粉末的制备

增材制造对金属粉末材料的要求：尺寸在 15～53μm 的金属颗粒群，并尽可能同时满足纯度高、少/无空心，粒度分布窄、球形度高、氧含量低、流动性好和松装密度高等要求。理想的制备工艺是利用激光选区熔化增材制造专用粉体。3D 打印金属粉末除需具备良好的可塑性外，还必须满足粉末粒径细小、粒度分布较窄、球形度高、氧含量低、流动性好和松装密度高等要求。

1．等离子旋转电极（PREP）法

等离子旋转电极（PREP）法是在俄罗斯发展起来的一种球形粉末制备工艺。PREP 原理图如图 2-1 所示，先将金属或合金加工成棒料并利用等离子体加热棒端，同时将棒料进行高速旋转，依靠离心力使熔化液滴细化，熔化液滴在惰性气体环境中凝固并在表面张力作用下球化形成粉末；然后通过筛分将不同粒径的粉末分级，经过静电去除夹杂物（仅针对高温合金）后得到粉末产品。

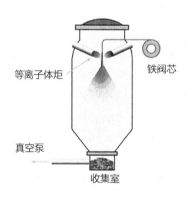

图 2-1 PREP 原理图

PREP 法适用于钛合金、高温合金等合金粉末的制备。该方法制备的金属粉末球形度较高，流动性好，但粉末粒度较粗。SLM 技术用微细粒度（0～45μm）粉末收得率低，细粉成本偏高。由于粉末的粗细即液滴尺寸的大小主要取决于棒料的转速或棒料的直径，所以转速的提高必然会对设备密封、振动等指标提出更高的要求。

PREP 法的缺点：制备的粉末粒度较粗、微细粒度粉末收得率低、细粉成本偏高。

PREP 法制备的粉末粒度范围分布较小，不易获得微细粉末，细粉收得率较低，由于细粉成本居高不下，这使得其在 SLM 技术应用上受到较大限制。该技术制备的粗粉在激光快速成型 LSF 工艺中获得应用。

PREP 法优点：制备的粉末的表面光洁、球形度高、伴生颗粒少、无空心/卫星粉、流动性好、高纯度、低氧含量、粒度分布窄。

2. 等离子雾化（PA）法

等离子雾化（Plasma Atomization，PA）法是加拿大 AP&C 公司独有的金属粉末制备技术。该制备技术采用对称安装在熔炼室顶端的等离子体炬，形成高温的等离子体焦点，温度甚至可以高达 10000K（9727℃）。专用送料装置将原材料金属丝送入等离子体焦点，原材料先被迅速熔化或气化，然后被等离子体高速冲击分散雾化成超细液滴或气雾状，在雾化塔中飞行沉积的过程中，与通入雾化塔中的冷却氩气进行热交换冷却凝固成超细粉末。

PA 法的优点：制备的粉末呈近规则球形，粉末整体粒径偏小；45μm 以下粉末收得率极高，几乎无空心球气体夹带，优于气雾化法。

PA 法的缺点：制备的粉末球形度稍差，有卫星粉。由于需要丝材作为原材料，该技术在制备难变形金属材料方面遇到瓶颈，材料适用范围小。在生产镍基合金、铁基合金等非活性金属粉末方面，其生产成本较高。

PA 法已经用于常规牌号钛及钛合金粉末的批量制备，通粉中含有卫星粉、片状粉、纳米颗粒等，经处理后其粉末流动性良好。

3. 气雾化（GA）法

目前，增材制造用金属粉末材料的气雾化制备常用技术包括有坩埚真空感应熔炼雾化（Vacuum Induction-melting Gas Atomization，VIGA）法和无坩埚电极感应熔炼气雾化（Electrode Induction-melting inert Gas Atomization，EIGA）法。

（1）VIGA 法采用坩埚熔炼合金材料，合金液经中间包底部导管流至雾化喷嘴处，被超音速气体冲击破碎，雾化成微米级尺度的细小熔滴，熔滴球化并凝固成粉末。VIGA 原理图如图 2-2 所示。该方法主要适用于铁基合金、镍基合金、钴基合金、铝基合金、铜基合金等粉末的生产制备。由于制粉效率高、合金适应范围广、成本低、粉末粒度可控等优点，VIGA 法是全球范围内增材制造粉末供应商普遍采用的技术方法。

（2）EIGA 法将气雾化技术与电极感应熔炼技术相结合，摒弃与金属熔体相接触的坩埚等部件，将缓慢旋转的预合金棒金属电极降低至一个环形感应线圈中进行电极熔化，电极熔滴落入气体雾化喷嘴系统，利用惰性气进行雾化，可有效降低熔炼过程中杂质引入的概率，实现活性金属的安全、洁净熔炼。EIGA 原理图如图 2-3 所示。

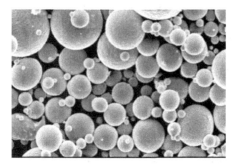

图 2-2　VIGA 原理图

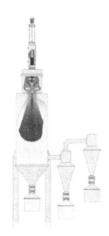

图 2-3　EIGA 原理图

EIGA 法主要应用于活性金属及其合金、金属间化合物、难熔金属等粉末材料的制备，钛及钛合金、钛铝金属间化合物的生产。在制备活性金属粉末方面，EIGA 法和 PREP 法相比具有节约材料、生产灵活、细粉产出多等优点，适用于 SLM 技术用钛合金粉末的生产制备。

近年来，出现了超声气雾化、紧耦合气雾化、层流气雾化及热气体雾化等技术，可以制备满足激光选区熔化（SLM）、激光同轴送粉等增材制造技术使用要求的粉末。

GA 法的优点：细粉收得率高，45μm 以下粉末可用于 SLM 技术，成本较低。

GA 法的缺点：制备的粉末球形度稍差，卫星粉多，45～406μm 粉末空心粉率高，存在空气夹带，不适合于电子束选区熔化（EBSM）成型、直接热等静压成型等粉末冶金领域。

4．等离子球化（PS）法

射频等离子体具有能量密度高、加热强度大、等离子体弧的体积大等特点，由于没有电极，不会因电极蒸发而污染产品。射频等离子体粉末球化技术的原理：在高频电源作用下，惰性气体（如氩气）被电离，形成稳定的高温惰性气体等离子体；形状不规则的原料粉末用运载气体（氮气）经送粉器喷入等离子体中，粉末颗粒在高温等离子体中吸收大量的热量，表面迅速熔化，并以极高的速度进入反应器，在惰性气氛下快速冷却，在表面张力的作用下，冷却凝固成球形粉末，再进入收料室中收集。图 2-4 所示为等离子球化原理示意图及球形粉末。

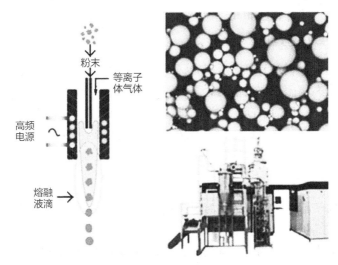

图 2-4 等离子球化原理示意图及球形粉末

PS 法的优点：制备的粉末形状规则，球化率高，表面光洁，流动性好，可制备高熔融温度的难熔金属，如钽、钨、铌和钼。

PS 法的缺点：加热周期长，容易造成挥发性元素挥发，不规则粉末表面积大，氧含量高。

PS 法使用高能等离子体来生产高度球形和致密的金属粉末。其原材料是非球形粉末，氧含量和氢含量高，因此其球形粉末的氧含量很难控制，细粉收得率也取决于其原始粉末的粒度。经反复多次使用的增材制造金属粉末可以作为 PS 法的原材料进行重新制粉。

2.1.3 金属丝材制备工艺

1．生产工艺流程

生产工艺流程：盘条精整→检验→固溶处理→浸沾润滑涂层→烘干→拉拔→酸洗→精整→检验→固溶处理→浸沾润滑涂层→烘干→拉拔→酸洗→固溶处理→检验→包装→入库。根据生产实践经验，在上述生产过程中，影响丝线材表面质量的关键工序是拉拔。

2．金属丝拉拔的原理

金属丝拉拔：在拉拔力的作用下将盘条或线坯从拉丝模的模孔拉出，以生产小断面的钢丝或有色金属线的金属塑性加工过程。各种金属及合金的不同断面形状和尺寸的金属丝都可以采用拉拔生产。拉出的丝尺寸精确、表面光洁，且所用拉拔设备和模具简单，制造容易。

3．金属丝拉拔的分类

按拉拔时金属的温度分，在再结晶温度以下的拉拔是冷拔，在再结晶温度以上的拉拔是热拔，在高于室温低于再结晶温度的拉拔是温拔。

（1）冷拔是金属丝、线生产中应用最普遍的拉拔方式。

（2）热拔时，金属丝进入模孔前要加热，主要用于高熔点金属的拉拔，如钨、钼等金属丝。

（3）温拔时，金属丝也需要通过加热器加热到指定范围的温度才进入模孔进行拉拔，主要用于锌丝、难变形的合金丝如高速钢丝、轴承钢丝的拉拔。

4. 金属丝拉拔的工艺特点

金属丝拉拔的应力状态为二向压应力、一向拉应力的三向主应力状态，它与三向都是压缩应力的主应力状态相比，被拉拔的金属丝较易达到塑性变形状态。拉拔的变形状态为二向压缩变形、一向拉伸变形的三向主变形状态，该状态对发挥金属材料的塑性不利，较容易产生和暴露表面缺陷。金属丝拉拔过程的道次变形量受其安全系数限制，若道次变形量较小，则拉拔道次较多，因此在金属丝的生产中常采用多道次连续高速拉拔方式。

5. 金属丝拉拔设备

金属拉丝机属于标准件等金属制品生产预加工设备，目的是把由钢材生产厂家生产运输至标准件等金属制品生产企业的线材或棒材经过拉丝机的拉拔处理，使线材或棒材的直径、圆度、内部金相结构、表面光洁度和矫直度都达到标准件等金属制品生产需要的原料处理标准。

因此拉丝机对线材或棒材的预处理质量直接关系到标准件等金属制品生产企业的产品质量。拉丝机广泛应用于钢丝、制绳丝、预应力钢丝、标准件等金属制品的生产和预加工处理。

2.2 高分子打印材料

2.2.1 常用的高分子打印材料

1. ABS

ABS 树脂是目前产量最大，应用最广泛的聚合物，它将 PS、SAN、BS 的各种性能有机地统一起来，兼具韧、硬、刚相均衡的优良力学性能。ABS 树脂是丙烯腈、丁二烯和苯乙烯的三元共聚物，A 代表丙烯腈，B 代表丁二烯，S 代表苯乙烯。

ABS 树脂具有优良的综合性能，有极高的冲击强度，极好的尺寸稳定性、电性能、耐磨性、抗化学药品性、染色性，对其采用成型加工和机械加工较好。ABS 树脂耐水、无机盐、碱和酸类，不溶于大部分醇类和烃类溶剂，而容易溶于醛、酮、酯和某些氯代烃中。ABS 树脂的缺点：热变形温度较低、可燃、耐候性较差。

ABS 树脂为无定形聚合物，其玻璃化转变温度（T_g）为 90～100℃，黏流温度（T_f）为 160～170℃，分解温度（T_d）为 230～250℃，因此具有较大的加工温度区域（黏流态区域），正常变形温度超过 90℃，可进行机械加工（钻孔、攻螺纹）、喷漆及电镀。熔融状态下 ABS 树脂为非牛顿流体，其熔体黏度与加工温度及剪切速率都有关系，但对剪切速率更为敏感。

ABS 树脂的颜色种类有很多，如象牙色、白色、黑色、深灰色、红色、蓝色、玫瑰红色等，在汽车、家电、电子消费品领域有广泛的应用。

2．PC

PC（聚碳酸酯）是一种性能优良的非结晶性工程塑料，其冲击韧性、机械性能十分突出，使用温度范围较大，无毒，耐候性好，成型收缩率低，尺寸稳定性好，是最早应用于 SLS 技术领域的高分子材料之一，在快速制造薄壁和精密零件设计上相较于石蜡有较大优势。

PC 材料是真正的热塑性材料，具备工程塑料的所有特性：高强度、耐高温、抗冲击、抗弯曲，可以作为最终零部件使用。使用 PC 材料制作的样件，可以直接装配使用，应用于交通工具及家电行业。

PC 材料的颜色比较单一，只有白色，但其强度比 ABS 树脂高出 60% 左右，具备超强的工程材料属性，广泛应用于家电、汽车制造、航空航天、医疗器械等领域。

3．尼龙类材料

尼龙是一种半结晶性白色高分子材料，在选择性激光烧结中可以制备出致密度较高、强度较大的烧结件。尼龙玻纤是一种白色的粉末，与普通塑料相比，其拉伸强度、弯曲强度有所增加，热变形温度及材料的模量有所提高，材料的收缩率减小，但表面变粗糙，冲击强度降低。尼龙玻纤具有良好的力学性能和生物相容性，经认证达到食品安全等级，精细度高，性能稳定，能承受高温烤漆和金属喷涂，适用于制作展示模型、功能部件、真空铸造模型、最终产品和零配件。它的表面是有一种沙沙的、粉末的质感，也略微有些疏松。材料热变形温度为 110℃，主要应用于汽车、家电、电子消费品领域。

4．PS

PS（聚苯乙烯）属于热塑性树脂，熔融温度为 100℃，受热后可熔化、黏结，冷却后可以固化成型，而且该材料吸湿率很小，仅为 0.05%，收缩率也较小，其粉料经过改性后，即可作为激光烧结成型用材料。

PS 为非结晶性材料，在选择性激光烧结中成型精度较好。PS 的特点：属于无定型聚合物，没有明显熔点，适宜操作窗口宽；吸湿率较小，在烧结前不需要经干燥处理；来源广泛；烧结温度较低，不需要加热至较高温度即可成型，节约能源。

5．PLA

PLA（聚乳酸）树脂是一种新型的可生物降解的热塑性树脂，它是由玉米等谷物原料经过发酵、聚合、纺丝制成的。其生产过程为：①将玉米中的淀粉提炼成植物糖；②植物糖经过发酵形成乳酸；③乳酸经过聚合生成高性能的乳酸聚合物；④将这种聚合物经过熔体纺丝等纺丝方法制成 PLA 纤维。PLA 的纺丝可采用溶液纺丝和熔融纺丝两种方法来实现，目前，熔融纺丝法已经成为 PLA 纺丝加工的主流方法。

PLA 具有可快速降解性，良好的热塑性、机械加工性、生物相容性及较低的熔体强度等优异性能，所以它打印的模型更易塑型、表面光泽、色彩艳丽。在熔融沉积成型（FDM）打印机中，PLA 线条打印出来的样品成型好、不翘边、外观光滑。除此之外，它最大的优点还在于它的环保性。打印无气味的特点使 PLA 已成为目前市面上所有 FDM 技术的桌面型 3D 打印机最常使用的材料。

6．PVA

PVA（聚乙烯醇）是一种可生物降解的合成聚合物，它最大的特点就是具有良好的水溶性。作为一种应用于 FDM 中的新型打印线条，PVA 在打印过程中是一种很好的支撑材料。在打印过程结束后，由之所组成的支撑部分能在水中完全溶解且无毒无味，因此可以很容易地从模型上去除。

7. PETG

PETG 材料是一种透明塑料，属于非结晶型共聚酯，它既有 PLA 的光泽度，也有 ABS 的强度，是两者的综合体。PETG 是采用甘蔗乙烯生产的以生物基乙二醇为原料合成的生物基塑料。PETG 具有出众的热成型性、坚韧性与耐候性，热成型周期短、成型温度低、成品率高。PETG 材料的收缩率非常小，并且具有良好的疏水性，无须在密闭空间里储存。

由于 PETG 材料的收缩率小、成型温度低，在打印过程中几乎没有气味，PETG 材料在 3D 打印领域的产品具有更为广阔的开发应用前景。PETG 是进口原料，环保材料，无气味；打印模型时出料畅顺，不易堵头；打印产品光泽度高，强度高，表面光滑，具有半透明效果，产品不易破裂。

8. TPU

TPU（热塑性聚氨酯弹性体橡胶）主要分为聚酯型和聚醚型。它硬度范围大（60HA～85HD）、耐磨、耐油、透明度高、弹性好，在日用品、体育用品、玩具、装饰材料等领域得到广泛应用。无卤阻燃 TPU 可以代替软质 PVC 以满足越来越多领域的环保要求。

3D 打印耗材 TPU 是介于橡胶和塑料之间的一种成熟的环保材料，其制品目前广泛应用于鞋业制造、医疗卫生、电子电器、工业及体育等领域。

9. PEEK

PEEK（聚醚醚酮）是由在主链结构中含有一个酮键和两个醚键的重复单元所构成的高聚物，属特种高分子材料。其具有耐高温、耐化学药品腐蚀等物理化学性能，是一类半结晶高分子材料，软化点为 168℃，熔点为 334℃，拉伸强度为 132～148MPa，可用作耐高温结构材料和电绝缘材料，可与玻璃纤维或碳纤维复合制备增强材料。PEEK 一般采用与芳香族二元酚缩合的方式取得一种聚芳醚类高聚物。

PEEK 的耐高温热性能十分突出，可在 250℃的温度条件下长期使用，瞬间使用温度可达 300℃；其刚性大，尺寸稳定性好，线胀系数较小，接近于金属铝材料；PEEK 的化学稳定性好，对酸、碱及几乎所有的有机溶剂都有很强的抗腐蚀能力，同时具有阻燃、抗辐射等性能；PEEK 的耐滑动磨损和微动磨损性能优异，尤其是能在 250℃的温度条件下保持高耐磨性和低摩擦系数；此外，PEEK 易于挤出和注射成型。由于 PEEK 具有优良的综合性能，在许多特殊领域可以替代金属、陶瓷等传统材料。PEEK 主要应用于汽车和航空发动机箱、矿灯反射器、热交换器部件、阀门衬套及深海油田制件，在机械、石油、化工、核电、轨道交通、电子和医学等领域有广泛的应用。

2.2.2　高分子丝材的制备

挤出成型是高分子材料加工领域中变化众多、生产率高、适应性强、用途广泛、所占比重最大的成型加工方法。挤出成型是使高聚物的熔体（或黏性流体）在挤出机的螺杆或柱塞的挤压作用下通过一定形状的口模而连续成型的加工方法，所得的制品为具有恒定断向形状的连续型材。挤出成型工艺适合于所有的高分子材料,只要改变机头口模,就可以改变制品形状。

挤出成型的基本原理如下。

(1)塑化:在挤出机内将固体塑料加热并依靠塑料之间的内摩擦热使其成为黏流态物料。

(2)成型:在挤出机螺杆的旋转推挤作用下,通过具有一定形状的口模,使黏流态物料成为连续型材。

(3)定型:用适当的方法,使挤出的连续型材冷却定型为制品。

2.2.3　高分子粉材的制备

1. 低温粉碎法

低温粉碎法是利用某些材料在低温条件下的冷脆特性进行粉碎的,可以得到较细的颗粒,在低温条件下粉碎物料,也可以保持物料的品性,提高物料的价值。低温粉碎法在国外已经实现了工业化,利用液氮或天然气的冷量,粉碎废旧轮胎,得到精细冷冻胶粉。低温粉碎法的工作流程:用制冷剂将需要粉碎的物料快速冷冻到冷脆温度以下,随后将冷冻物料送入粉碎装置中进行粉碎。用低温粉碎法制备的胶粉粒子,粒径较小,表面光滑,边角呈钝角状态,热氧化程度低,性能好。

冷冻粉碎法以块状/粒状生胶、废旧橡胶制品、废旧轮胎等固态胶为原料,通过冷却介质将其冷却到玻璃化温度以下,进行机械粉碎。这种方法生产成本高,主要用于高性能制品中,如子午线轮胎胎面胶、高性能塑料、涂料、黏结剂和军工产品等。

高分子材料在低温下会因分子链运动能力下降导致脆化,利用这一特性,可以采用深冷冲击法来制备高分子粉末材料。一般使用液氮作为制冷剂,将原材料冷冻至液氮的温度,保持粉碎机内部温度在合适的状态,加入原料并粉碎。温度越低,粉碎效率越高,所制备的粉末越细。高分子原材料的性质取决于采用的粉碎温度,如聚苯乙烯的脆化温度为-30℃,可以适当提高冷冻温度,而尼龙 12 的脆化温度为-70℃,必须采用较低的粉碎温度。

低温粉碎法工艺简单,适合工业化连续生产,但需要专业设备,能量消耗大,由于用破碎机理制备出的粒子形状不规则,粒度大小不均匀,很难一次达到想要的粒径分布,需要多次筛分、粉碎之后才能使用。图 2-5 所示为 STP1 粉末的制备工艺流程。

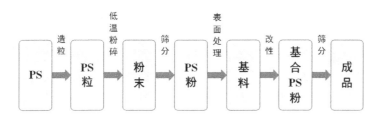

图 2-5　STP1 粉末的制备工艺流程

2. 溶剂沉淀法

溶剂沉淀法是将聚合物溶解在适当的溶剂之中,通过改变温度或加入第二组分等方法使聚合物以粉末状析出。这种方法特别适用于能溶于溶剂的高分子材料。一般溶剂沉淀法容易获得形状、粒度都较好的颗粒,但制备工艺较为复杂,对于不同的聚合物所选用的溶剂也有不同。图 2-6 所示为用溶剂沉淀法制备尼龙 12 粉末的工艺流程。

图 2-6 用溶剂沉淀法制备尼龙 12 粉末的工艺流程

通过控制溶剂用量、溶解温度、保温时间和搅拌速度可以控制粒径大小及其分布,制备不同粒径的粉末材料。

2.3 光敏树脂材料

光敏树脂是用于光固化成型(SLA)或数字光处理(DLP)技术的重要材料。这种 3D 材料具有高强度、耐高温和防水的优点。它在一定波长的紫外光(250~300nm)照射下能立刻发生聚合反应并完成固化。通常光敏树脂都具有一定的毒性,需要进行密封保存。

2.3.1 光敏树脂的组成

光敏树脂即 Ultraviolet Rays(UV)树脂,主要由低聚物、反应稀释剂和光引发剂组成。

(1)低聚物是光敏树脂的主体,是一种含有不饱和官能团的基料,它的末端有可以聚合的活性基团,一旦有了活性种,就可以继续聚合长大,一经聚合,分子量上升极快,很快就可以成为固体。

(2)反应稀释剂是一种功能性单体,其结构中含有不饱和双键,如乙烯基、烯丙基等,可以调节低聚物的黏度,但不容易挥发,且可以参加聚合。反应稀释剂一般分为单官能度、双官能度和多官能度三种。

(3)光引发剂是激发光敏树脂交联反应的特殊基团,当受到特定波长的光子作用时,会变成具有高度活性的自由基团,作用于基料的高分子聚合物,使其产生交联反应,由原来的线状聚合物变为网状聚合物,从而呈现为固态。光引发剂的性能决定了光敏树脂的固化程度和固化速率。

2.3.2 光敏树脂的性能

用于 SLA 的光敏树脂一般应具有以下特性。

1．黏度低

光固化成型技术根据 CAD 模型，将树脂一层层叠加成零件。当完成一层后，由于液态树脂表面张力大于固态树脂表面张力，液态树脂很难自动覆盖已固化的固态树脂的表面，所以必须借助自动刮板将树脂液面刮平涂覆一次，而且只有待液面流平后才能加工下一层。这就需要树脂有较低的黏度，以保证其较好的流平性，便于操作。现在树脂黏度一般要求在 600 cp·s（30℃）以下。

2．固化收缩率小

液态树脂分子间的距离是范德瓦耳斯力距离，距离为 0.3～0.5 nm。固化后，分子发生了交联，形成的网状结构分子间的距离转化为共价键距离，距离约为 0.154 nm，显然固化前后分子间的距离减小了。分子间发生一次加聚反应，距离就要减小 0.125～0.325nm。虽然在化学变化过程中，C＝C 转变为 C—C，键长略有增加，但对分子间作用距离变化的贡献是很小的。因此固化后必然出现体积收缩。同时，液态树脂分子固化前后由无序变为较有序，也会出现体积收缩。收缩对成型模型十分不利，会产生内应力，容易引起模型零件变形，出现翘曲、开裂等问题，严重影响零件的精度。因此开发小收缩率的树脂是目前 SLA 树脂面临的主要问题。

3．固化速率高

一般光敏树脂成型时以每层厚度 0.1～0.2mm 进行逐层固化，完成一个零件要固化百至数千层。因此，如果要在较短时间内制造出实体，那么固化速率是非常重要的。激光束对一个点进行曝光的时间仅为微秒至毫秒的范围，几乎相当于所用光引发剂的激发态寿命。低固化速率不仅影响固化效果，同时也直接影响着成型机的工作效率，很难适用于商业生产。

4．溶胀度小

在模型成型过程中，液态树脂一直覆盖在已固化的部分工件上面，能够渗入固化件内而使已经固化的树脂发生溶胀，造成零件尺寸增大。只有树脂溶胀度小，才能保证模型的精度。

5．光敏感性高

由于 SLA 所用的是单色光，所以要求感光树脂与激光的波长必须匹配，即激光的波长尽可能在感光树脂的最大吸收波长附近。同时感光树脂的吸收波长范围应该小，这样可以保证只在激光照射的点上发生固化，从而提高零件的制作精度。

6．固化程度高

光敏树脂可以减少后固化成型模型的收缩，从而减少后固化变形。

7．湿态强度高

较高的湿态强度可以保证后固化过程不产生变形、膨胀及层间剥离。

2.3.3　光敏树脂材料的分类

光敏树脂材料又称光固化树脂材料，主要包括低聚物、反应稀释剂及光引发剂。光固化树脂可以分为三类。

1．自由基光固化树脂

（1）环氧树脂丙烯酸酯，该类材料聚合快、模型强度高但脆性大且易泛黄。

（2）聚酯丙烯酸酯，该类材料流平性和固化性好，性能可调节。

（3）聚氨酯丙烯酸酯，该类材料生成的模型柔顺性和耐磨性好，但聚合速度慢。反应稀释剂包括多官能度单体与单官能度单体两类。

此外，常规的添加剂还有阻聚剂、UV 稳定剂、消泡剂、流平剂、光敏剂、天然色素等。其中的阻聚剂特别重要，因为它可以保证液态树脂在容器中存放较长的时间。

2．阳离子光固化树脂

阳离子光固化树脂主要成分为环氧化合物，用于光固化工艺的阳离子型低聚物和反应稀释剂，通常为环氧树脂和乙烯基醚。环氧树脂是最常用的阳离子型低聚物，其优点如下。

（1）固化收缩率小，预聚物环氧树脂的固化收缩率为 2%～3%，而自由基光固化树脂的预聚物丙烯酸酯的固化收缩率为 5%～7%。

（2）产品精度高、强度高，产品可以直接用于注塑模具。

（3）阳离子聚合物是活性聚合物，在光熄灭后可以继续引发聚合。

（4）氧气对自由基聚合有阻聚作用，而对阳离子树脂无影响。

3．混杂型光固化树脂

目前的趋势是使用混杂型光固化树脂。其主要优点如下。

（1）环状聚合物进行阳离子开环聚合时，体积收缩率很小甚至产生膨胀，而自由基体系总有明显的收缩。混杂型体系可以设计成无收缩的聚合物。

（2）当系统中有碱性杂质时，阳离子聚合的诱导期较长，而自由基聚合的诱导期较短，混杂型体系可以提供诱导期短而聚合速度稳定的聚合系统。

（3）在光照消失后阳离子仍可引发聚合，故混杂型体系能克服光照消失后自由基迅速失活而使聚合终结的缺点。

2.3.4　光敏树脂材料固化机理

当光敏树脂中的光引发剂被光源（特定波长的紫外光或激光）照射吸收能量时，会产生自由基或阳离子，自由基或阳离子使单体和活性低聚物活化，从而发生交联反应而生成高分子固化物。由于低聚物和稀释剂的分子上一般都含有两个以上可以聚合的双键或环氧基团，因此聚合得到的不是线性聚合物，而是一种交联的体形结构，其过程可以表示为：

$$PI\,(光引发剂) \xrightarrow[\text{或激光}]{\text{紫外光}} P^*\,(活性种)$$

$$齐聚物＋单体 \xrightarrow{P^*} 交联高分子固体$$

下面分别介绍自由基体系、阳离子型光固化体系和混杂聚合体系的聚合过程。

1．自由基体系

自由基聚合反应是光敏树脂固化中最常见的反应类型。首先，自由基引发剂在紫外光作用下发生短链或者脱氢反应产生自由基活性中心，然后，单体或低聚物上的双键不断加成到自由基活性中心上，发生类似暴聚的反应而固化。其反应包括以下三个阶段：链引发、链增长和链终止。光引发剂在一定波长的光的照射下从基态跃迁至激发态，产生活性初级自由基，初级自由基与单体加成，形成单体自由基并与下一个单体或低聚物分子反应生成新的自由基，新自由基仍具有高活性，可继续与其他单体或聚合物结合生成重复单元更多的链自由基，最终生成大分子，活性自由基最终以偶合方式和歧化方式相互作用而终止。

自由基体系收缩的化学反应机理：从化学反应过程来讲，光敏树脂的固化过程是从小分子向长链或体型大分子的转变过程，其分子结构发生了很大变化，所以在固化过程中的收缩是必然的。光敏树脂的收缩主要是由固化收缩造成的，固化收缩产生体积收缩的主要原因是单体或低聚物官能度大造成原本聚合完成的聚合物之间再次聚合，分子被"拉紧"故导致体积收缩的产生。体积收缩会导致成品精度大幅度降低。

光敏树脂材料固化收缩而引起的翘曲变形可以从以下两点来分析。

（1）单体的官能度。通过上面的固化过程可知，单体的官能度越高，所引起的固化收缩越严重。

（2）低聚物和单体比例。低聚物相对于单体来说分子量要大得多，所以从官能团浓度来讲，低聚物官能度远小于单体官能度，所以原料中单体比例越大固化收缩越严重，产品的翘曲变形越严重。

2．阳离子型光固化体系

阳离子体系下进行的光固化是在阳离子反应机理条件下发生的，引发剂在与本身所需波长光的照射下生成活性中心，阳离子再引发单体进行聚合。阳离子型光固化体系的特点是光照跃迁产生活性分子并脱氢产生路易斯酸。酸的强弱是聚合的关键，若酸性不强，则导致相应的阴离子亲核性相对较大，容易与碳正离子中心结合而阻止聚合。与自由基引发体系相比，阳离子型光固化体系具有聚合完成后可在无光条件下继续反应、无氧阻、固化速率低、受湿度影响大的特点。

3．混杂聚合体系

混杂聚合体系大致包括两类：一是丙烯酸酯和环氧化合物组成的混杂体系，二是丙烯酸酯和乙烯基醚类组成的混杂体系。混杂聚合体系结合了自由基体系与阳离子型光固化体系各方面的优点，产品收缩率明显减小。

2.4　陶瓷打印材料

陶瓷打印材料不仅具有优良的高温性能，而且具有高强度、高硬度、低密度、好的化学稳定性等特性，其在航空航天、汽车、生物等行业得到广泛应用。

2.4.1 常用的陶瓷打印材料

1. 氧化铝陶瓷

氧化铝（Al_2O_3）陶瓷又称刚玉瓷，是用途最广泛，原料最丰富，价格最低廉的一种高温结构陶瓷。氧化铝陶瓷的原料来源广泛，成本低廉，现已成为陶瓷行业用量最大的原料之一。氧化铝陶瓷具有高抗弯强度、高硬度、优良的抗磨损性等特性，被广泛地应用于刀具、磨轮、球阀、轴承等的制造。

工业上所指的氧化铝陶瓷一般是指以α-Al_2O_3为主晶相的陶瓷材料。根据Al_2O_3含量和添加剂的不同，有不同系列的氧化铝陶瓷。例如，根据Al_2O_3含量的不同可以分为 75 瓷、85瓷、95 瓷和 99 瓷等不同牌号；根据其主晶相的不同也可以分为莫来石瓷、刚玉莫来石瓷和刚玉瓷；根据添加剂的不同还可以分为铬刚玉、钛刚玉等，它们各自对应不同的应用范围和使用温度。

Al_2O_3有许多同质异晶体，报道过的变体有十多种，但主要的有三种，即α-Al_2O_3、β-Al_2O_3、γ-Al_2O_3。α-Al_2O_3结构紧密，活性低，高温稳定，电学性能好，具有优良的机电性能，属六方晶系、刚玉结构，$a=4.76$Å，$c=12.99$Å。β-Al_2O_3属尖晶石型（立方）结构，高温下不稳定，很少单独制成材料使用。γ-Al_2O_3实质上是一种含有碱土金属和碱金属的铝酸盐，在 1400～1500℃温度条件下开始分解，在 1600℃时转变为α-Al_2O_3。

氧化铝原料在天然矿物中的存在量仅次于二氧化硅，大部分是以铝硅盐的形式存在于自然界中的，少量的α-Al_2O_3存在于天然刚玉、红宝石、蓝宝石等矿物中。铝土矿是制备工业氧化铝的主要原料，使用焙烧法制备氧化铝。在高性能氧化铝陶瓷的制备中，经常采用有机铝盐加水分解法（将铝的醇盐加水分解制得氢氧化铝，加热煅烧）、无机铝盐的热分解法（用精制硫酸铝、铵明矾、碳酸铝铵盐等通过热分解的方法制备氧化铝粉末）、放电氧化法（高纯铝粉浸于纯水，电极产生高频火花放电，铝粉激烈运动并与水反应生成氢氧化铝，经煅烧制得氧化铝）制得高纯度氧化铝粉末。

在陶瓷 3D 打印技术中，为了保证陶瓷坯体具有良好的力学性能，氧化铝材料一般与有机物混合制成浆材、粉材或与其他合金粉末制成粉材。

2. 二氧化硅陶瓷

二氧化硅（SiO_2）的每个 Si 原子与 4 个 O 原子紧邻成键，每个 O 原子与 2 个 Si 原子紧邻成键。晶体中的最小环为十二元环，其中有 6 个 Si 原子和 6 个 O 原子，含有 12 个 Si—O 键；每个 Si 原子被 12 个十二元环共有，每个 O 原子被 6 个十二元环共有，每个 Si—O 键被 6 个十二元环共有；每个十二元环所拥有的 Si 原子数为$6\times\frac{1}{12}=\frac{1}{2}$，拥有的 O 原子数为$6\times\frac{1}{6}=1$，拥有的 Si—O 键数为$12\times\frac{1}{6}=2$，则 Si 原子数与 O 原子数之比为 1：2。

二氧化硅的应用领域十分广泛。例如，在化工、轻工业中用作耐酸容器、耐蚀容器、化学反应器的内衬、玻璃熔池砖、拱石、流环、柱塞及垫板、隔热材料等；在炼焦工业中用作焦炉的炉门、上升道内衬、燃烧嘴等；在金属冶炼中，用作熔铝及钢液的输送管道、泵的内衬、盛金属熔体的容器、浇铸口、高炉热风管内衬、出铁槽等。

3. 碳化硅陶瓷

碳化硅（SiC）陶瓷又称金刚砂，具有高的抗弯强度、优良的抗氧化性与耐腐蚀性、高的抗磨损及低的摩擦系数等高温力学性能。碳化硅陶瓷在已知陶瓷材料中具有最佳的高温力学性能（强度、抗蠕变性等），其抗氧化性在所有非氧化物陶瓷中也是最好的。

碳化硅陶瓷具有抗氧化性强、耐磨性能好、硬度高、热稳定性好、高温强度大、热膨胀系数小、热导率大及抗热振和耐化学腐蚀等优良特性。因此，其已经在石油、化工、机械、航天、核能等领域大显身手，日益受到人们的重视。例如，碳化硅陶瓷可用作各类轴承、滚珠、喷嘴、密封件、切削工具、燃气涡轮机叶片、涡轮增压器转子、反射屏和火箭燃烧室内衬等。

碳化硅陶瓷的优异性能与其独特结构密切相关。SiC 是共价键很强的化合物，SiC 中 Si—C 键的离子性仅为 12% 左右。因此，SiC 强度高、弹性模量大，具有优良的耐磨损性能。纯 SiC 不会被 HCL、HNO_3、H_2SO_4 和 HF 等酸溶液及 NaOH 等碱溶液侵蚀。SiC 在空气中加热时易发生氧化，但氧化时表面形成的 SiO_2 会抑制氧的进一步扩散，故氧化速度并不快。在导电性能方面，SiC 具有半导体性，少量杂质的引入会表现出良好的导电性。此外，SiC 还有优良的导热性。

4. 氮化硅陶瓷

氮化硅（Si_3N_4）有两种晶型，α-Si_3N_4 是颗粒状结晶体，β-Si_3N_4 是针状结晶体。两者均属于六方晶系，都是由 $[SiN_4]^{4-}$ 四面体共用顶角构成的三维空间网络。β 相是由几乎完全对称的六个 $[SiN_4]^{4-}$ 组成的六方环层在 c 轴方向重叠而成。而 α 相是由两层不同，且有形变的非六方环层重叠而成。α 相结构的内部应变比 β 相大，故自由能高。

氮化硅陶瓷具有高强度、低密度、耐高温等特性，是一种优异的高温工程材料。它的强度可以维持到 1200℃ 的高温而不下降，受热后不会熔融成熔体，一直到 1900℃ 才会分解，并且具有极高的耐腐蚀性，同时也是一种高性能电绝缘材料。

氮化硅有优良的化学稳定性，除氢氟酸外，能耐受所有的无机酸和某些碱液、熔融碱和盐的腐蚀。所以氮化硅在化学工业中用作耐蚀耐磨零件，如球阀、泵体、密封环、过滤器、热交换器部件、触媒载体、蒸发皿、管道、煤气化的热气阀、燃烧器汽化器等。

氮化硅对多数金属、合金熔体，特别是非铁金属熔体是稳定的。例如，不受 Zn、Al、钢铁熔体的侵蚀，因此可用作铸造容器、输送液态金属的管道、阀门、泵、热电偶保护套，以及冶炼用的坩埚和舟皿。在宇航工业中，用作火箭喷嘴、喉衬和其他高温结构部件。在机械工业中，用作蜗轮叶片、汽车发动机叶片和翼面、高温轴承、切削工具等。在半导体工业中，用作熔化、区域提纯、晶体生长用的坩埚，舟皿及半导体器件的掩蔽层。

氮化硅的硬度高，仅次于金刚石、CBN、SiC 等少数几种超硬材料。摩擦系数小，有自润滑能力，室温电阻高，因此在电子、军事和核工业上用作开关电路基片、薄膜电容器、高温绝缘体、雷达天线罩、原子反应堆的支承件、隔离件和裂变物质的载体等。

5. 磷酸三钙陶瓷

磷酸三钙陶瓷（TCP）又称磷酸三钙，存在多晶型转变，主要分为 β-TCP 和 α-TCP。磷酸三钙的化学组成与人骨的矿物相似，与骨组织结合好，无排异反应，是一种良好的骨修复材料。

磷酸三钙天然的生物学性能使其多用于医学领域。

6. 羟基磷灰石

羟基磷灰石[Hydroxyapatite，HA；分子式：$Ca_{10}(PO_4)_6(OH)_2$]的化学组成和结晶结构类似于人骨骼系统中的磷灰石，优良的生物活性和生物相容性是其最大的优点，人体骨细胞可以在羟基磷灰石上直接形成化学结合，在普通合成的生物材料中添加少量纳米羟基磷灰石可显著改善材料对成骨细胞的黏附和增殖能力，促进新骨形成，因此适宜用作骨替代物。羟基磷灰石的钙磷摩尔比为 1.67，与天然骨相近。

2.4.2 陶瓷粉体的制备

制备现代陶瓷材料所用粉末都是亚微米级超细粉末，且现在已发展到纳米级超细粉末。粉末的颗粒形状、尺寸分布及相结构对陶瓷的性能也有着显著的影响。能使组分之间发生固相反应，得到所需的物相。粉末制备方法很多，但大体上可以归结为机械研磨法和化学法两个方面，人们普遍采用化学法得到各种粉末原料。

根据起始组分的形态和反应的不同，化学法可分为以下三种类型。

1. 固相法

固相法利用固态物质间所发生的各种固态反应来制取粉末。在制备陶瓷粉体原料中常用的固态反应包括化合反应法、热分解反应法和氧化物还原反应法。

1）化合反应法

化合反应法一般具有以下的反应结构式：

$$A(s) + B(s) \longrightarrow C(s) + D(g)$$

两种或两种以上的固态粉末，经混合后在一定的热力学条件和气氛下反应而成为复合物粉末，有时也伴随一些气体逸出。

钛酸钡粉末的合成就是典型的固相化合反应。等摩尔比的钡盐 $BaCO_3$ 和二氧化钛混合物粉末在一定条件下发生如下反应：

$$BaCO_3 + TiO_2 \longrightarrow BaTiO_3 + CO_2 \uparrow$$

该固相化学反应在空气中加热进行，生成用于 PTC 制作的钛酸钡盐，放出二氧化碳。但是，该固相化合反应的温度控制必须得当，否则得不到理想的、粉末状钛酸钡。

2）热分解反应法

用硫酸铝铵在空气中进行热分解，就可以获得性能良好的 Al_2O_3 粉末。

3）氧化物还原反应法

特种陶瓷 SiC、Si_3N_4 的原料粉，在工业上多采用氧化物还原反应法制备，还原碳化或者还原氧化。例如，SiC 粉末的制备，是将 SiO_2 与碳粉混合在 1460～1600℃的加热条件下，逐步还原碳化。

2. 液相法

由液相法制备粉末的基本过程为：

金属盐溶液→盐或氢氧化物→氧化物粉末

所制得的氧化物粉末的特性取决于热分解和沉淀两个过程。

热分解过程中,分解温度固然是个重要因素,然而气氛的影响也很明显。由溶液制备粉末的方法,其特点是易控制组成,能合成复合氧化物粉末;添加微量成分很方便,可获得良好的混合均匀性等。但是,必须严格控制操作条件,才能使生成的粉末保持溶液所具有的、在离子水平上的化学均匀性。

沉淀法的基本工艺路线是在金属盐溶液中施加或生成沉淀剂,并使溶液挥发,对所得到的盐和氢氧化物通过加热分解得到所需的陶瓷粉末。这种方法能很好地控制反应物的组成,合成多元复合氧化物粉末,很方便地添加微量成分,使反应物得到很好的均匀混合。但必须严格控制操作条件。沉淀法分为直接沉淀法、均匀沉淀法和共沉淀法。

3. 气相法

由气相生成微粉的方法有两种:一种是系统不发生化学反应的蒸发-凝聚法(PVD),另一种是气相化学反应法(CVD)。

(1) 蒸发-凝聚法是将原料加热至高温(用电弧或等离子流等加热),使之气化,接着在电弧焰和等离子焰与冷却环境造成的较大温度梯度条件下急冷,凝聚成微粒状物料的方法。

(2) 气相化学反应法是挥发性金属化合物的蒸发通过化学反应合成所需要物质的方法。气相化学反应法可分为两类:一类为单一化合物的分解;另一类为两种以上化学物质之间的反应。

2.4.3　覆膜砂材料

1. 材料成分

覆膜砂材料采用热固性树脂,如酚醛树脂包覆锆砂(ZrO_2)、石英砂(SiO_2)、氧化铝(Al_2O_3)和碳化硅(SiC)的方法制得。

2. 用途

(1) 砂型铸造及型芯的制作。适用于单件、小批量砂型铸造金属铸件的生产,尤其适用于传统制造技术难以实现的金属铸件,其中锆砂具有更好的铸造性能,尤其适用于具有复杂形状的有色合金铸件,如镁、铝等合金的铸造。

(2) 直接制造工程陶瓷制件。烧结后再经热等静压处理,零件最后相对密度高达99.9%,可用于含油轴承等耐磨、耐热陶瓷零件。

2.5　3D 打印复合材料

3D 打印技术的快速发展,促使打印材料由单一向多元化发展。复合材料在性能上可取长补短,并产生协同效应,使复合材料的综合性能优于原组成材料。

2.5.1　高分子粉末复合材料

粉末状塑料通常通过激光烧结或复合多种材料进行增强改性，如添加玻璃纤维的尼龙粉、添加碳纤维的尼龙粉、尼龙与聚醚酮混合等。

为了实现塑料的流动改性，可以参考利用润滑剂等进行改性。但由于使用过多的润滑剂会导致挥发性增强，削弱制品的刚性和强度，因此通过加入高刚性、高流动性的球形的硫酸钡、玻璃微珠等无机材料可以弥补塑料流动性差的缺陷。对粉末塑料可采用粉体表面包覆片状无机粉体（如滑石粉、云母粉等）以增加流动性。另外，可在塑料合成时直接形成微球，以确保流动性。

2.5.2　纤维增强复合材料

纤维增强复合材料包括碳纤维、玻璃纤维、凯芙拉纤维、连续铜线、连续光纤、镍铬合金线和碳化硅等。

1. 玻璃纤维

玻璃纤维是最早开发出来的用于高分子基复合材料的纤维。玻璃纤维由二氧化硅和 Al、Ca、B 等元素的氧化物及少量的加工助剂（氧化钠和氧化钾）等原料经熔炼成玻璃球，然后在坩埚内将玻璃球熔融拉丝而成。从坩埚中拉出的每一根线称为单丝，一个坩埚拉出的所有单丝，经浸润槽后，集合成一根原纱（又称为丝束）。原纱是构成纤维和织物的最基本单位。

2. 碳纤维

碳纤维是一种含碳质量分数在 90% 以上的不完全石墨结晶化的纤维状碳素材料，它既具有一般碳素材料低密度、耐高温、耐腐蚀、导电、导热等特点，又具各向异性、轴向拉伸强度和模量高、呈丝状、柔软、可制造加工的特点。碳纤维增强复合材料中的碳纤维能用来支持负载，同时，热塑性塑料基质可以用于结合、保护纤维并转移负载到增强纤维上。碳纤维复合材料以片材、管材或定制的成型特征的形式出现，并用于航空航天和汽车等行业，强度与重量比占主导地位。

大约 90% 的碳纤维是通过加热一种石油的衍生聚合物——聚丙烯腈（PAN）制得的，由于 PAN 较容易获得，因此 PAN 基碳纤维将继续发展。PAN 首先被纺成长丝纱线，然后被加热到 300℃ 而实现稳定化，以便于进行接下来的步骤——碳化。在碳化过程中，将前驱体材料拉成长束，在惰性（无氧）气体中将其加热到 2000℃。如果没有氧气，那么这种材料就不会燃烧，而是会除去除碳原子以外的所有原子。碳化的结果是形成了一层仅 5～10μm 厚的细丝状碳层。将碳纤维浸入气体（空气、二氧化碳或臭氧）或液体（次氯酸钠或硝酸）中，以便更轻松地与其他材料黏合。

3. 硼纤维

硼纤维是指在金属丝上沉积硼而形成的无机纤维，通常用氢和三氯化硼在炽热的钨丝上反应，置换出无定形的硼沉积于钨丝表面获得，属脆性材料。硼纤维一般采用化学气相沉积（CVD）法生产。作为芯材，通常使用直径为 12.5μm 的钨丝，通过反应管由电阻加热，三氯化硼（BCl_3）和氢气的化学混合物从反应管的上部进口流入，钨丝被加热至 1300℃ 左右，经过化学反应，硼层就在干净的钨丝表面上沉积，制成的硼纤维被导出，缠绕在丝筒上。

4. 芳纶纤维

芳纶为芳香族聚酰胺纤维的总称，国外名 Kevlar（凯芙拉），最初由美国杜邦公司于 1965 年研制成功。

芳纶纤维的优点：强度高（约 2800～3700MPa，为一般钢的 5 倍），密度低（为 1.45g/cm³，只有钢的 1/5）；弹性模量高；耐热耐寒（在-196～182℃范围内的性能及尺寸变化不大）；受热时不燃烧不熔化，若温度再高则直接碳化；耐辐射、耐疲劳和耐腐蚀。

芳纶纤维的缺点：易吸湿，在阳光下受到紫外光的辐射，其强度会衰减。

5. 环氧树脂

环氧树脂是开发最早、应用最广泛的高性能树脂基体。它具有优良的工艺性和增强纤维的黏结性，固化树脂具有高的强度和模量。环氧树脂具有品种多、适用面广和价格低的特点，在航空航天和其他领域均获得广泛应用。

2.5.3 金属基复合材料

金属基复合材料是以金属或合金为基体，以高性能的第二相为增强体的复合材料。它是一类以金属或合金为基体，以金属或非金属线、丝、纤维、晶须或颗粒状组分为增强相的非均质混合物。

1. 颗粒增强金属基复合材料

颗粒增强金属基复合材料主要借助颗粒本身的强度，基体能够将颗粒有效整合，颗粒均直径高于 1μm，弥散强化的沉降容积比为 90%左右。

增强体颗粒通常为碳化硅、氧化铝、碳化钛、二硼化钛、镍铝合金、陶瓷、石墨及金属颗粒等。

这种复合材料具备均质性，颗粒的成本较低、来源较多、生产技术多样化，属于容易成型与生产的一类金属基复合材料。在航空航天、军事、交通运输行业、微电子行业及核领域大量应用。

2. 连续纤维增强金属基复合材料

连续纤维增强金属基复合材料主要借助无机纤维和金属细线，使金属变成轻质量、高强度的金属材料。当前各类增强金属材料中，连续纤维具备最显著的增强成效与更好的刚性。其具备显著的各向异性，但其复合与制造技术复杂且难以把握，所以，生产成本高。这种材料通常在航空航天中应用。

3. 短纤维增强金属基复合材料

纤维能够分成天然纤维与短切纤维两类。天然纤维通常指某些植物与菌类纤维，长度通常在 35～150mm 之间。短切纤维通常借助长纤维切割获得，长度在 1～50mm 之间。和连续纤维增强金属基复合材料相比，短纤维增强金属基复合材料成本更低；和基体合金相比，短纤维增强金属基复合材料具备更高的比强度、比刚度及耐磨性能，各向异性在很大程度上低于连续纤维增强金属基复合材料。短纤维增强金属基复合材料的体积分数通常≤30%。其在汽车和电力领域中广泛应用。

4. 晶须增强金属基复合材料

晶须增强金属基复合材料和连续纤维增强金属基复合材料相比，各向异性非常低；和短纤维增强金属基复合材料相比，其性能较好。但晶须增强金属复合材料的体积分数通常≤30%，其通常在航空航天中的飞机结构和推杆方面广泛应用。

5. 混杂增强金属基复合材料

将以上几类增强模式实行有机结合则产生了混杂增强金属基复合材料。

混杂整合能够分成以下几类：①颗粒-短纤维；②颗粒-连续纤维；③连续纤维-连续纤维。对短纤维增强金属基复合材料或者晶须增强金属基复合材料进行预制的时候，容易发生黏结和团聚问题，颗粒的合理添加则能够消除此类现象。

☿ 第3章 ☿
材料挤出打印技术

3.1 熔融沉积制造技术

熔融沉积成型（Fused Deposition Modeling，FDM）也称熔融沉积制造、熔融堆积成型、熔融挤出成型、熔丝堆积成型及熔融喷丝成型等，是增材制造领域中应用较广的快速成型工艺方式，该工艺思想由美国学者 Scott Crump 于 1988 年首次提出，并在 1991 年开发了首台商业机型。

FDM 技术已被广泛应用于汽车、机械、航空航天、家电、通信、电子、建筑、医学、玩具等产品的设计开发过程，如产品外观评估、方案选择、装配检查、功能测试、用户看样订货、塑料件开模前校验设计及少量产品制造等，也应用于政府、大学及研究所等机构。用传统方法需几个星期、几个月才能制造的复杂产品模型，用 FDM 技术无须任何刀具和模具，瞬间便可完成。

3.1.1 基本原理及特点

FDM 技术的原理如图 3-1 所示，首先将原材料预先加工成特定直径（通常有 1.75mm 和 3mm 两种规格）的圆形线材，然后通过送丝结构驱动圆形线材，经导向管进入喷头，在喷头内加热融化后由尖端喷嘴挤出。喷头沿 X-Y 平面以一定路径扫描填充层片轮廓，完成一次平面扫描后，工作平台沿 Z 轴向下移动一个层厚的距离，继续沉积下一层片轮廓，逐层堆积构建三维实体。打印过程中相邻丝材的黏结在热能和表面势能的作用下完成，并在一定环境温度下冷却成型。喷嘴直径一般为 0.2～0.8mm，其他条件相同的情况下，喷嘴直径越小，打印模型的表面精度越高。

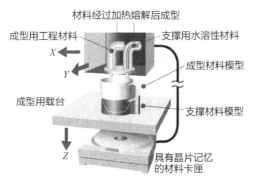

图 3-1　FDM 技术的原理

在 FDM 技术中，用于模型制作或者零部件的直接成型制造的材料主要有石蜡、PLA、ABS、聚碳酸酯、尼龙、低熔点金属、陶瓷等低熔点材料，以及应用于航空航天、生物医学等领域的复合材料，打印原材料的多样性是其他增材制造技术不具备的。此外，FDM 技术可以沉积多种颜色的材料，而且所用的原材料基本是盘卷形式的丝束，便于搬运、更换和存放。

FDM 技术的一个关键点是保持从喷嘴中喷出的熔融状态下的原材料温度稍高于凝固点，一般是控制在比凝固点高 5～10℃之间。如果温度太高，那么会导致材料凝固不及时，会出现模型变形、表面精度低等问题；但如果温度太低或者不稳定，那么容易造成喷头堵塞，导致打印失败。

FDM 系统价格和技术成本低、体积小、无污染，能直接做出 ABS 制件，但生产效率低，精度不高，成型件表面有较明显的条纹或者台阶效应，成型件存在各向异性的力学特点，沿竖直叠加方向的黏结强度相对较弱。

3.1.2　成型系统与设备

3D 打印机主要由软件部分、机械部分和电子部分构成。

1. 软件部分

软件部分主要由计算机、应用软件、底层控制软件和接口驱动单元组成。

（1）计算机一般采用上位机和下位机两级控制。其中，上位机一般采用配置高、运行速度快的 PC 机；下位机采用嵌入式系统 DSP（数字信号处理器），驱动执行结构。上位机和下位机通过特定的通信协议进行双向通信，构成控制的双层结构。为提高数据的传输速率和可靠性，上位机和下位机的接口可选用通信速率高、数据传输量大的 PCI 接口，实现多重复杂控制任务的高效性与协调运动。

上位机完成打印数据处理和总体控制任务，主要功能如下。

① 从 CAD 模型生成符合快速打印成型工艺特点的数据信息。

② 设置打印参数信息。

③ 对打印成型情况进行监控并接收运动参数的反馈，必要时通过上位机对成型设备的运动状态进行干涉。

④ 实现人机交互，提供打印成型进度的实时显示。

⑤ 提供可选加工参数询问，满足不同材料和加工工艺的要求。

下位机进行打印运动控制和打印数据向喷头的传送。它按照预定的顺序向上位机反馈信息，并接受控制命令和运动参数等控制代码，对运动状态进行控制。

（2）应用软件主要包括下列模块处理部分。

① 切片模块：基于 STL 文件切片模块。

② 数据处理模块：具有切片模块到打印位图数据的转换，打印区域的位图排版功能；对于彩色打印还需要对彩色图像进行分色处理。

③ 工艺规划模块：具有打印控制方式、打印方向控制等模块。

④ 安全监控模块：设备和打印过程故障自诊断，故障自动停机保护。

（3）底层控制软件：主要用于下位机控制各个电机，以完成铺粉辊的平移和自转、粉缸升降、打印小车系统的 *X-Y* 平面运动。

（4）接口驱动单元：主要完成上位机与下位机接口部分的驱动。

2．机械部分

机械部分是执行打印命令的定位部分，其 *XYZ* 空间轴由电机、支架、同步轮、传送带等组成，软件部分生成的打印坐标就由此定位。

挤出机主要分为齿轮挤出机、直接挤出机和液体挤出机三种类型。下面介绍常用的齿轮挤出机和直接挤出机两种类型。

（1）齿轮挤出机：步进电机用小齿轮带动大齿轮进行挤丝。这种装置的优点在于对于步进电机的电流和参数要求并不是太高，同时由于采用齿轮减速加力，挤丝力量会较好。缺点就是这种装置的结构复杂程度较高，维护起来麻烦。

（2）直接挤出机：步进电机直接连接挤丝轮进行挤丝。这需要用较大扭矩的步进电机。这种结构的优点在于结构简单、好维护，但是不适合长距离挤丝（喷头和挤出机之间的距离比较长，有些打印机为提高精度，会尽量减小喷头的质量，需要将挤出机放在机身上，在喷头到挤出机之间将聚四氟乙烯管用作导管）。

3．电子部分

电子部分可以理解为软件和机械部分的桥梁，主要对软件生成的指令和数据进行缓存，实现对电机的控制、温度的控制等。软件生成的坐标指令就由电子部分控制、机械部分执行，以达到精准打印的目的。电子部分包括系统板、主板、电机驱动板、温度控制板（如果采用热敏电阻测温，那么一般不需要用到温控板）、加热管、热电偶（或者是热敏电阻）、热床。

3.1.3　成型工艺过程

3D 打印工艺过程可分为前处理、打印及后处理三个阶段。前处理阶段包括成型件三维模型的构造、三维模型的近似处理、模型成型方向的选择、三维模型的切片处理和生成支撑结构。打印阶段一般都是设备根据设定的制作参数自动进行的。后处理阶段主要包括清洗、去除支撑、打磨及改性处理等。具体细分的话，整个打印过程可划分为以下 5 个步骤。

1．建模

通俗来讲，3D 建模就是通过三维制作软件将虚拟三维空间构建出具有三维数据的模型，它可以通过以下几种方式实现。

（1）直接下载模型。

（2）通过 3D 扫描仪逆向工程建模。3D 扫描仪逆向工程建模就是通过扫描仪先对实物进行扫描，得到三维数据，然后加工修复。它能够精确描述物体三维结构的一系列坐标数据，将这些数据输入 3D 软件中即可完整地还原出物体的 3D 模型。

（3）用建模软件建模。目前，市场上有很多 3D 建模软件，如 SolidWorks、Pro/ENGINEER、UG 等软件都可以用来进行 3D 建模，另外一些 3D 打印机厂商也提供 3D 建模软件。

2．切片处理

切片处理是根据 STL 文件判断成型过程所需的支撑，由计算机设计出支撑结构，对 STL 文件进行分层切片，设置合适的打印参数，如打印层厚、打印速度、打印温度、填充类型等。

按照各层截面形状进行堆积制造，逐层累加而成。为打印出合格的模型，必须对 STL 格式三维模型进行切片。

切片实际上就是把 3D 模型切成一片一片的，首先，设计好打印的路径（填充密度、角度、外壳等），并将切片后的文件储存成 G-Code 格式（一种 3D 打印机能直接读取并使用的文件格式）。然后，通过 3D 打印机控制软件，把 G-Code 文件发送给打印机并控制 3D 打印机的参数，运行使其完成打印。G-Code 的作用是和 3D 打印机通信。

3．打印过程

首先，启动 3D 打印机，通过数据线、SD 卡等方式把 STL 格式的模型切片所得到的 G-Code 文件传送给 3D 打印机，同时，装入 3D 打印材料，调试打印平台，设定打印参数，然后，打印机开始工作，材料会一层一层地打印出来，层与层之间通过特殊的胶水进行黏合，并按照横截面将图案固定住，最后一层一层叠加起来。

4．完成打印

将打印好的产品从机器里取出来。这时要采取相应的保护措施以避免对人身造成伤害。例如，戴上手套来防止高温表面或者有毒的化学物质的伤害。

5．后处理

后处理是指将成型后的模型进行相关的工艺处理，如去除支撑结构、打磨、抛光、喷漆等。

（1）去除支撑结构是 FDM 技术的必要后处理工艺，复杂模型一般采用双喷头打印，其中一个喷头挤出的材料就是支撑材料，FDM 技术的支撑材料有较好的水溶性，也可以在超声波清洗机中用碱性（NaOH 溶液）温水浸泡后将其溶解剥落。一般情况下，水温越高，支撑材料溶解得越快，但超过 70℃时成型件容易受热变形，因此，采用超声波清洗机去除支撑结构时，需要将溶液温度控制在 40～60℃之间。

（2）打磨处理主要是去除成型件的"台阶效应"，以满足表面光洁度和装配尺寸的精度要求，可采用水砂纸直接手工打磨的方法，但由于成型材料 ABS 较硬，会花费较长时间。

（3）抛光的方法有物理抛光和化学抛光。通常使用的是砂纸打磨、珠光处理和蒸汽平滑这三种技术。

3.1.4　成型质量的因素分析

在熔融沉积制造技术中，很多因素的改变都对成型质量有很大的影响。

1．材料性能的影响

凝固过程中，由材料的收缩而产生的应力变形会影响成型件精度，其主要的原因是热收缩和分子取向的收缩。

可采取的措施：①改进材料的配方。②设计时考虑收缩量进行尺寸补偿。

2．喷头温度和成型室温度的影响

喷头温度决定了材料的黏结性能、堆积性能、丝材流量及挤出丝宽度。成型室的温度会影响成型件的热应力大小。

可采取的措施：①喷头温度应根据丝材的性质在一定范围内选择，以保证挤出的丝呈熔融流动状态。②一般将成型室的温度设定为比挤出丝的熔点温度低 1～2℃。

3．填充速度与挤出速度的交互影响

单位时间内挤出丝体积与挤出速度成正比，当填充速度一定时，随着挤出速度的提高，挤出丝的截面宽度逐渐增加，当挤出速度提高到一定值时，挤出的丝黏附于喷嘴外圆锥面，就不能正常加工。若填充速度比挤出速度快，则材料填充不足，出现断丝现象，难以成型。

可采取的措施：挤出速度应与填充速度相匹配。

4．分层厚度的影响

一般来说，分层厚度越小，实体表面产生的台阶越小，表面质量也越高，但所需的分层处理和成型时间会变长，降低了加工效率；反之，分层厚度越大，实体表面产生的台阶也就越大，表面质量越差，不过加工效率相对较高。

可采取的措施：兼顾效率和精度确定分层厚度，必要时可通过打磨提高表面质量与精度。

5．成型时间的影响

每层的成型时间与填充速度、该层的面积大小及形状的复杂度有关。若层的面积小，形状简单，填充速度快，则该层成型的时间就短；反之，时间就长。

可采取的措施：加工时控制好喷嘴的工作温度和每层的成型时间，以获得精度较高的成型件。

6．扫描方式的影响

FDM 扫描方式有多种，有平行扫描、螺旋扫描、偏置扫描及回转扫描等。螺旋扫描是指扫描路径从制件的几何中心向外一次扩展，偏置扫描是指按轮廓形状逐层向内偏置进行扫描，回转扫描是指按 X、Y 轴方向扫描、回转。通常，偏置扫描成型的轮廓尺寸精度容易保证，而回转扫描路径生成简单，但轮廓精度较差。因此可以采用外部轮廓用偏置扫描、而内部区域填充用回转扫描的复合扫描方式。扫描方式与原型的内应力密切相关，合适的扫描方式可降低原型内应力的积累，有效防止零件的翘曲变形。

可采取的措施：可采用复合扫描方式，即外部轮廓用偏置扫描，而内部区域填充用回转扫描，这样既可以提高表面精度，也可以简化扫描过程，提高扫描效率。

3.2　碳纤维复合材料 3D 打印

3.2.1　基本原理及特点

塑料材料作为 3D 打印最为成熟的材料，目前仍存在较多问题：受塑料强度的影响，塑料材料适应领域有限，成品的物理机械特性较差、需要高温加工、低温流动性差、固化速率低、易变形、精密度低。这些问题都限制了塑料在新材料领域的发展。

目前，只有热塑性线材被用作 FDM 的原料，包括丙烯腈-丁二烯-苯乙烯共聚物（ABS）、聚碳酸酯（PC）、聚乳酸（PLA）、尼龙（PA），或者是其中任意两种的混合物。经由 FDM 制造的纯的热塑性塑料存在强度不足、功能不全及承载能力弱的缺点，这严重限制了熔融沉积制造技术的广泛应用。

一种有效的方法就是添加增强材料（如碳纤维）于热塑性材料中，形成碳纤维增强复合材料（CFRP）。碳纤维增强复合材料中的碳纤维能用来支持负载，同时，热塑性塑料基质可以用于结合、保护纤维并转移负载到增强纤维上。

3.2.2　成型工艺

目前有两种碳纤维打印方法：短切碳纤维打印法和连续碳纤维打印法。

1．短切碳纤维打印法

短切碳纤维基本上是标准热塑性塑料的增强材料。短切碳纤维打印法允许以更高的强度打印性能较弱的材料。可以将该材料与热塑性塑料混合，并将所得混合物挤压成用于熔融长丝制造（FFF）技术的线轴。

短切碳纤维打印法是将短切纤维（通常是碳纤维）与尼龙、ABS 或 PLA 等传统热塑性塑料混合，通过 FDM 的方式打印碳纤维需要将碳纤维与热熔塑料一起打印。

2．连续碳纤维打印法

连续碳纤维打印法的优势是可以用 3D 打印复合材料部件替代传统的金属部件，它可以使用连续长丝制造（CFF）技术把材料镶嵌在热塑性塑料中。

材料特点：长纤增强 PLA、尼龙、PEEK 等丝材。

工艺特点：通过 FDM 技术将长纤维填充进常规丝材中，起到增强作用。

增强方法：同心和各向同性。①同心填充加强了每层（内部和外部）的外边界，并通过用户定义的循环数延伸到零件中。②各向同性填充在每层上形成单向复合增强，并且可以通过改变层上的加固方向来模拟碳纤维编织。连续碳纤维 3D 打印设备原理如图 3-2 所示。

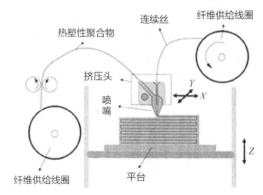

图 3-2　连续碳纤维 3D 打印设备原理

3.3　螺杆挤出 3D 打印技术

3.3.1　基本原理

为解决传统喷头结构带来的问题以扩展 FDM 技术的应用范围与应用价值，研究者提出一种颗粒体进料的微型螺旋挤压堆积喷头结构，利用微型挤压螺杆通过实时送料装置将颗粒料从料斗送进，靠螺杆的螺旋挤压作用将成型材料向喷嘴方向输送，材料前进过程中，被螺杆挤出，实现材料的堆积成型。

该喷头结构的核心技术为微型螺杆的设计，传统螺杆的尺寸较大，设计时采用无限平板理论，而微型螺杆的设计主要采用有限槽宽理论，更接近于真实的边界调节情况，更能反映熔体挤出的真实情况。

3.3.2　成型设备

打印机控制系统作为打印机的重要组成部分，主要包括上位机、下位机、挤出控制模块、运动控制模块及手动控制模块。

（1）上位机由计算机构成，需要完成成型零件模型的建立、模型的处理、切片代码生成及人机交互等操作，上位机能够生成切片代码，通过 USB 线或者 SD 卡将代码传输给下位机，以实时控制打印机的运行。

（2）下位机由拓展板和主控板连接，拓展板通过插针无缝插在对应的主板上的孔中，其他硬件通过接口与主控板相连，这样能够更好地保护主控板。进行打印时，需要上传打印机固件，用上传工具配置打印机固件相关参数，通过 USB 线将打印机固件上传至主控板。

（3）挤出控制模块包含步进电机控制、温度控制及风扇控制。在基于颗粒体材料成型的打印机中，步进电机通过控制螺杆的转速，实现对材料的挤出控制。温度控制是通过加热棒与热敏电阻结合（加热棒接入主控板 24V 接线端，热敏电阻用于对温度稳定的控制）实现对出丝材料熔融挤出的。风扇用于冷却挤出机加热部件的温度，以防倒流。

（4）运动控制模块主要实现三轴运动的起停、打印速度及方向的调节，将步进电机接口接入 Ramps 1.4 拓展板对应接口，通过上位机的指令，最终实现喷头沿着成型零件二维截面扫描成型。

（5）手动控制模块包含人机交互 LCD 显示屏、SD 卡读取和操作控制按钮，其中，LCD 显示屏幕能够显示打印机位置参数、打印机进度及打印机实时温度。

3.4　气动挤出打印技术

气动挤出打印技术及与之相关的生物材料领域、医学领域、打印装备领域，仍有较大发展空间，相关研究停留在对生物打印平台的打印性能的验证，相关打印产品处于体外试验观察阶段，目前并没有具有完备功能的复杂组织器官被打印出来。由于打印产品的不成熟，也没有大量的临床试验数据及体内环境的生物学评价，更达不到器官移植的水准。

1. 成型材料

水凝胶材料作为细胞载体具有机械强度差的缺陷，单纯凝胶材料的力学性能不支持构建大尺寸且复杂的组织结构，机械强度好的聚合物材料因其熔点高，不适合细胞打印。而多材料复合打印存在因材料属性差异导致界面分层或相互侵入的现象，成为生物 3D 打印发展的瓶颈。若生物材料学领域能够发现或研制出具有综合优点的材料，则会直接提升现有的生物

3D 打印水平,构建出复杂组织器官将变为可能。

2. 成型工艺

将热熔性或热融性的生物材料放入料筒升温,使材料形成半流动状态,受力挤出并冷却成型于底板上,材料按指定轨迹逐层成型并层层堆积。其中,气动挤出是指料筒预先装料,气动驱动活塞使材料挤出。

挤压式生物打印装置由流体供给系统和自动压出打印系统两部分组成。由计算机控制的沉积系统将"生物墨水"打印成型,细胞被精确地封装在三维结构中。这种技术制造的产品具有很好的结构完整性。

☿ 第 4 章 ☿

光固化增材制造技术

4.1 光固化成型技术

4.1.1 基本原理

光固化成型，也常被称为立体光刻成型，英文名称为 Stereo Lithography，简称 SL，有时也被简称为 SLA（Stereo Lithography Apparatus）。该技术由 Charles W.Hull 于 1984 年提出并获得美国专利，是最早发展起来的 3D 打印技术之一。自从 1988 年美国 3D Systems 公司最早推出 SLA-250 商品化 3D 打印设备以来，SLA 技术已成为目前世界上研究最深入、技术最成熟、应用最广泛的 3D 打印工艺方法。

它以光敏树脂为原料，通过计算机控制紫外光使其逐层凝固成型。这种工艺方法能简捷、全自动地制造出表面质量和尺寸精度较高、几何形状较复杂的模型。

SLA 技术在概念设计的交流、单件小批量精密铸造、产品模型、快速工装模具直接面向产品的模具等诸多方面广泛应用，在航空、汽车、模具制造、电器、铸造及医疗等领域也将得到广泛应用。

4.1.2 成型系统与设备

通常的光固化成型系统由数控系统、控制软件、光学系统、树脂容器及后固化装置等部分组成。

数控系统及控制软件：数控系统和控制软件主要由数据处理计算机、控制计算机及 CAD 接口软件和控制软件组成。

数据处理计算机主要是先对 CAD 模型进行离散化处理，使之变成适合于光固化成型的文件格式（STL 格式），然后对模型定向切片。控制计算机主要用于 X-Y 扫描系统、Z 向工作平台上下运动和重涂层系统的控制。CAD 接口软件的工作内容包括对 CAD 数据模型的通信格式设定、接受 CAD 文件的曲面表示格式、设定过程参数等。控制软件的工作内容包括对激光器光束反射镜扫描驱动器、X-Y 扫描系统、升降台和重涂层装置等的控制。

光学系统的分类如下。

1. 紫外激光器

用于造型的紫外激光器通常有两种类型，一种是传统的气体激光器如氦-镉（He-Cd）激光器，输出功率为 15～50mW，输出波长为 523nm；氩（Ar）激光器的输出功率为 100～500mW，输出波长为 351～365nm。激光束的光斑直径为 0.05～3mm，激光的位移精度可达 0.008mm。

另一种是固体激光器，输出功率可达 500mW 或更高，寿命可达 5000h，且激光二极管（Laser Diode）更换后可继续使用。该激光器光斑模式好，有利于聚焦，但由于固体激光器的输出是脉冲式的，为了在高速扫描时不出现断线现象，必须尽量提高脉冲频率。一般激光束的光斑尺寸为 0.05～3.00mm，激光位置精度可达 0.008mm，重复精度可达 0.13mm。

2．激光束扫描装置

激光束扫描装置有两种形式，图 4-1 所示为两种典型的光学扫描系统。其中，一种是振镜扫描系统，其最高扫描速度可达 15m/s，它适合于制造尺寸较小的高精度的成型件；另一种是 *X-Y* 轴扫描仪系统，激光束在整个扫描的过程中与树脂表面垂直，适合于制造大尺寸、高精度的成型件。

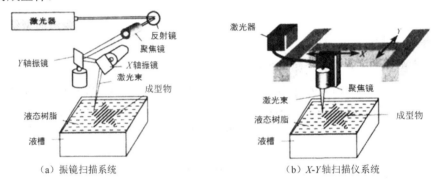

（a）振镜扫描系统　　　　　　　　　　（b）*X-Y* 轴扫描仪系统

图 4-1　两种典型的光学扫描系统

由于激光束斜射造成的激光点尺寸变化会极大地影响该点激光功率的分布，即影响激光功率的单位供给量，为此需要一个微定位器控制的聚焦透镜进行变焦。聚焦透镜的移动控制必须与调节轴的检流计保持同步，以使激光束焦点保持在树脂液面上。透镜对改变扫描线宽或填充大的区域也有重要作用。同时，需要调整扫描速度或激光功率，以补偿变焦引起的功率、密度变化。即使是反射镜偏转角的一个很小的误差，也会造成扫描光点在液面上一个较大的位移误差，因而扫描器应采用闭环控制。

3．树脂容器系统和重涂层系统

（1）树脂容器。盛装液态树脂的容器由不锈钢制成，其尺寸大小决定了光固化成型系统所能制造模型或零件的最大尺寸。

（2）升降工作台。升降工作台由步进电机控制，最小步距可达 0.02mm，在全行程内的位置精度为 0.05mm。

（3）重涂层装置。重涂层装置主要是使液态光敏树脂能迅速、均匀地覆盖在已固化层表面，保持每一层片厚度的一致性，从而提高模型的制造精度。

由于树脂材料的高黏性，因此在每层固化之后，液面很难在短时间内迅速流平，这将会影响实体的精度。图 4-2 所示为吸附式涂层结构，采用刮板刮切后，所需数量的树脂便会被十分均匀地涂敷在上一叠层上，这样经过激光固化后的产品可以得到较好的精度，使产品表面更加光滑和平整。

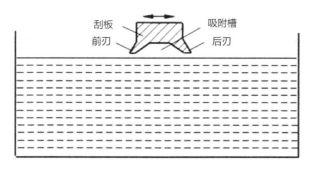

图 4-2　吸附式涂层结构

在刮板静止时，由于液态树脂的表面张力作用，吸附槽中充满树脂。当刮板进行涂刮运动时，吸附槽中的树脂会均匀涂敷到已固化的树脂表面。此外，涂敷结构中的前刃和后刃可以很好地消除树脂表面因为工作台升降等原因产生的气泡。

当所有的层都制作好后，模型的固化程度已达 95%，但模型的强度还很低，需要经过进一步固化处理，以达到所要求的性能指标。后固化装置用很强的紫外光源使模型充分固化。固化时间依据制件的几何形状、尺寸和树脂特性而定，大多数成型件的固化时间不少于 30min。

4.1.3　成型工艺及分析

增材制造系统可以根据切片处理得到需要的断面形状。首先，在计算机的控制下，增材制造设备的可升降工作台的上表面处于下一个截面层厚的高度（0.025～0.3 nm），将激光束在 X-Y 平面内按断面形状进行扫描，扫描过的液态树脂发生聚合固化，形成第一层固态断面形状之后，工作台再下降一层高度，使液槽中的液态光敏树脂流入并覆盖已固化的断面层。

然后，成型设备控制一个特殊的涂敷板，按照设定的层厚沿 X-Y 平面平行移动使已固化的断面层树脂覆上一层薄薄的液态树脂，该层液态树脂保持一定的厚度精度。

最后，用激光束对该层液态树脂进行扫描固化，形成第二层固态断面层。新固化的这一层黏结在前一层上，如此重复直到完成整个制件。图 4-3 所示为传统 SLA 技术原理。

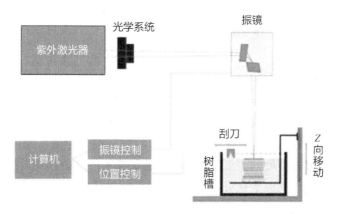

图 4-3　传统 SLA 技术原理

1. SLA 的后处理

（1）树脂固化成型为完整制件后，从增材制造设备上取下的制品需要去除支撑结构，并将制件置于大功率紫外灯箱中做进一步的内腔固化。

（2）制件的曲面上存在因分层制造引起的阶梯效应，以及因 STL 格式的三角形化而可能造成的小缺陷。

（3）制件的薄壁和某些小特征结构的强度、刚度不足。

（4）制件的某些形状尺寸精度还不够，表面硬度也不够，或者制件表面的颜色不符合要求等。

对于制件表面有明显的小缺陷而需要修补时，可先用热熔塑料、乳胶以及细粉料调和而成的填泥，或湿石膏予以填补，然后用砂纸打磨、抛光和喷漆打磨。抛光的常用工具有各种粒度的砂纸、小型电动或气动打磨机及喷砂打磨机。

2. SLA 的后固化

尽管树脂在激光扫描过程中已经发生聚合反应，但只是完成部分聚合作用，零件中还有部分处于液态的残余树脂未固化或未完全固化（扫描过程中完成部分固化，避免完全固化引起变形），零件的部分强度也是在后固化过程中获得的，因此，后固化处理对完成零件内部树脂的聚合，提高零件最终力学强度是必不可少的。后固化时，零件内未固化的树脂发生聚合反应，体积收缩产生均匀或不均匀形变。

（1）从高分子物理学方面来解释，处于液体状态的小分子之间的距离为范德瓦耳斯力距离，而固体状态的聚合物，其结构单元之间处于共价键距离，共价键距离远小于范德瓦耳斯力距离，所以树脂在固化过程中会发生收缩，通常其体收缩率约为 10%，线收缩率约为 3%。

（2）从分子学角度讲，光敏树脂的固化过程是从短的小分子体向长链大分子聚合体转变的过程，分子结构发生很大变化，固化过程中的收缩是必然的。

与扫描过程中的变形不同的是，由于完成扫描之后的零件是由一定间距的层内扫描线相互黏结的薄层叠加而成，线与线之间、面与面之间既有未固化的树脂，相互之间又存在收缩应力和约束，以及从加工温度（一般高于室温）冷却到室温引起的温度应力，这些因素都会产生后固化变形。但已经固化的部分对后固化变形有约束作用，减缓了后固化变形。零件在后固化过程中也要产生变形，实验测得零件后固化收缩量占总收缩量的 30%～40%。

4.1.4 光固化成型精度

成型精度一般包括形状精度、尺寸精度和表面精度，即光固化成型件在形状、尺寸和表面相互位置三个方面与设计要求的符合程度。影响形状精度的因素主要有翘曲、扭曲变形、椭圆度误差及局部缺陷等；尺寸精度是指成型件与 CAD 模型相比，在 X、Y、Z 三个方向上的尺寸相差值；影响表面精度的因素主要包括由叠层累加产生的台阶误差及表面粗糙度等。

影响光固化成型精度的因素有很多，包括成型前和成型过程中的数据处理、成型过程中光敏树脂的固化收缩、光学系统及激光扫描方式等。根据成型工艺过程，可以将影响光固化成型精度的因素进行分类。图 4-4 所示为影响光固化成型精度的因素。

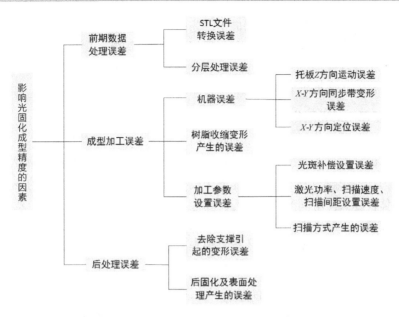

图 4-4　影响光固化成型精度的因素

1．几何数据处理造成的误差

在光固化成型过程开始前，必须对实体的三维 CAD 模型进行 STL 格式化及切片分层处理，以便得到加工所需的一系列截面轮廓信息，防止在进行数据处理时带来误差。图 4-5 所示为弦差导致的截面轮廓线误差。

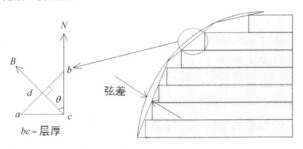

图 4-5　弦差导致的截面轮廓线误差

可采取的措施：

（1）直接切片。为减小几何数据处理造成的误差，较好的办法是开发对 CAD 实体模型进行直接分层的方法，在商用软件中，Pro/ENGINEER 具有直接分层的功能。

（2）自适应分层。切层的厚度直接影响成型件的表面光洁度。因此，必须仔细选择切层厚度，有关学者采用不同算法进行了自适应分层方法的研究，即在分层方向上，根据零件轮廓的表面形状，自动地改变分层厚度，以满足零件表面精度的要求，当零件表面倾斜度较大时选取较小的分层厚度，以提高模型的成型精度；反之则选取较大的分层厚度，以提高加工效率。

2．成型过程中材料的固化收缩引起的翘曲变形

在光固化成型过程中，液态光敏树脂在固化过程中都会发生收缩，收缩会在工件内产生内应力，应力方向从正在固化的层表面向下，随固化程度的变化，层内应力呈梯度分布。

在层与层之间，新固化层收缩时要受到层间黏合力的限制。层内应力和层间应力的合力作用致使工件产生翘曲变形。

可采取的措施：①成型工艺的改进。②树脂配方的改进。

3. 树脂涂层厚度对光固化成型精度的影响

在光固化成型过程中要保证每一层铺涂的树脂厚度一致，当聚合深度小于层厚时，层与层之间将黏合不好，甚至会发生分层；如果聚合深度大于层厚，那么将引起过固化，而产生较大的残余应力，引起翘曲变形，影响光固化成型精度。在扫描面积相等的条件下，固化层越厚，固化的体积越大，层间产生的应力就越大，故而为了减小层间应力，就应该尽可能地减小单层固化深度，以减小固化体积。

可采取的措施：二次曝光法。多次反复曝光后的固化深度与以多次曝光量之和进行一次曝光的固化深度是等效的。

4. 光学系统对光固化成型精度的影响

在光固化成型过程中，成型用的光点是一个具有一定直径的光斑，因此实际得到的制件形状是光斑运行路径上一系列固化点的包络线形状。

如果光斑直径过大，那么有时会丢失较小尺寸的零件细微特征，如在轮廓拐角进行扫描时，拐角特征很难成型出来。聚焦到液面的光斑直径大小及光斑形状会直接影响加工分辨率和光固化成型精度。

可采取的措施：

（1）光路校正。图 4-6 所示为振镜扫描系统原理结构图。在 SLA 系统中，扫描器件采用双振镜模块（见图 4-6 中的 a 和 b），设置在激光束的汇聚光路中，由于双振镜在光路中前后布置的结构特点，造成扫描轨迹在 X 轴向的"枕形"畸变，当扫描一个方形图形时，扫描轨迹并非一个标准的方形，而是出现"枕形"畸变，"枕形"畸变可以通过软件校正。图 4-7 所示为"枕形"畸变示意图。

（2）光斑校正。光斑扫描轨迹构成的像场是球面，与工作面不重合，会产生聚焦误差或 Z 轴误差。聚焦误差可以通过动态聚焦模块得到校正，动态聚焦模块可在振镜扫描过程中同步改变模块焦距，调整焦距位置，实现 Z 轴方向扫描，与双振镜构成一个三维扫描系统。

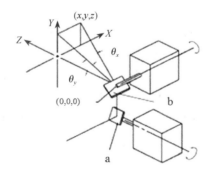

图 4-6　振镜扫描系统原理结构图

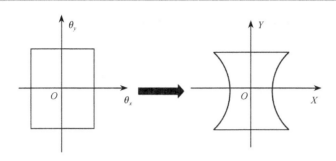

图 4-7　"枕形"畸变示意图

聚焦误差也可以用透镜前扫描和 $F\text{-}\theta$ 镜进行校正,扫描器位于透镜之前,激光束扫描后射在聚焦透镜的不同部位,并在其焦平面上形成直线轨迹与工作平面重合。这样可以保证激光聚焦焦点在光敏树脂液面上,使达到光敏树脂液面的激光光斑直径小,且光斑大小不变。图 4-8 所示为 $F\text{-}\theta$ 镜扫描。

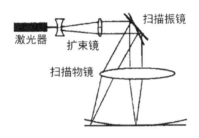

图 4-8　$F\text{-}\theta$ 镜扫描

5．激光扫描方式对光固化成型精度的影响

扫描方式与成型工件的内应力有密切关系,合适的扫描方式可以减少零件的收缩量,避免翘曲和扭曲变形,提高光固化成型精度。

SLA 技术成型时多采用方向平行路径进行实体填充,即每一段填充路径均互相平行,在边界线内往复扫描进行填充,也称为 Z 字形(Zig-Zag)或光栅式扫描方式。但在扫描一行的过程中,扫描线经过型腔时,扫描器以跨越速度快速跨过。

这种扫描方式,需频繁跨越型腔部分,一方面空行程太多,会出现严重的"拉丝"现象(空行程中树脂感光固化成丝状);另一方面扫描系统频繁地在填充速度和快进速度之间变换,会产生严重的振动和噪声,激光器要频繁进行开关切换,降低了加工效率。

6．光斑直径大小对成型尺寸的影响

在光固化成型过程中,圆形光斑有一定直径,固化的线宽等于在该扫描速度下实际的光斑直径大小。成型的零件实体部分外轮廓周边尺寸大了一个光斑半径,而内轮廓周边尺寸小了一个光斑半径,导致零件的实体尺寸大了一个光斑直径,使零件出现正偏差。

为了减小或消除实体尺寸的正偏差,通常采用光斑补偿方法,使光斑扫描路径向实体内部缩进一个光斑半径。从理论上说,光斑扫描按照向实体内部缩进一个光斑半径的路径扫描,所得零件的长度尺寸误差为零。

7．激光功率、扫描速度、扫描间距产生的误差

光固化成型过程是一个"线—面—体"的材料累积过程，为了分析扫描过程中工艺参数（激光功率、扫描速度、扫描间距）产生的误差，需要对扫描固化过程进行理论分析，进而找出各个工艺参数对扫描过程的影响。

4.1.5 工艺特点

1．光固化成型的优点

（1）成型过程自动化程度高，产品生产周期短，无须切削工具与模具。SLA 系统非常稳定，加工开始后，成型过程可以完全自动化，直至模型制作完成。

（2）尺寸精度高。SLA 模型的尺寸精度可以达到±0.1mm。

（3）优良的表面质量。虽然在每层固化时侧面及曲面可能出现台阶，但上表面仍可达到玻璃状的效果。

（4）可以制作结构十分复杂、尺寸比较精细的模型。

（5）可以直接制作面向熔模精密铸造的具有中空结构的消失型模型。

2．光固化成型的缺点

材料方面存在的问题如下。

（1）可用的材料较少。目前可用的材料主要为感光性的液态树脂材料。

（2）成型件多为树脂类，强度、刚度、耐热性有限，不利于长时间保存；许多还会被湿气侵蚀，导致工件膨胀，抗化学腐蚀的能力不够好；制件易变形，主要是成型过程中材料发生物理和化学变化导致的。

（3）液态树脂有气味和毒性，并且需要避光保护，以防止提前发生聚合反应，所以选择时有局限性；固化过程中会产生刺激性气体，有污染，因此机器运行时成型腔室部分应密闭。

（4）液态光敏聚合物固化后的性能尚不如常用的工业塑料，一般较脆、易断裂，不便进行切削加工，工作温度通常不能超过 100℃。

（5）需要二次固化，原因是光固化后的模型树脂并未完全被激光固化。

可采取的措施：研究针对 CAD 模型直接分层及针对 STL 模型分层的各种优化方法，以获得精确的截面轮廓；优化截面轮廓的填充扫描方式，更加精确地表示数据模型。

4.2 数字光处理技术

数字光处理（Digital Light Processing，DLP）技术，是把影像信号经过数字处理后光投影出来，是基于美国德州仪器公司开发的数字微镜器件——DMD 来完成可视数字信息显示的技术。DLP 技术的基本原理是数字光源以面光的形式在液态光敏树脂表面进行层层投影，层层固化成型。

4.2.1 基本原理

图 4-9 所示为 DLP 技术的工艺原理。

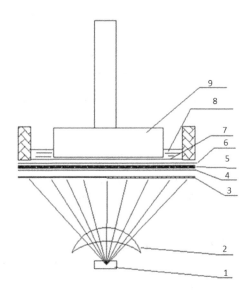

1—光源；2—聚焦透镜；3—菲涅尔透镜；4—偏振膜；5—液晶屏；

6—偏振膜；7—储液槽底模；8—光固化树脂；9—SLA 托板

图 4-9 DLP 技术的工艺原理

首先，通过 CAD 设计出三维实体模型，利用离散程序将模型进行切片处理，设计照射形状，产生的数据将精确控制光源和升降台的运动。

其次，激光器根据切片形状，发出相应形状的光斑，该层树脂固化后，就完成了该片层的加工；升降台下降一定距离，固化层上先覆盖另一层液态树脂，再进行第二层照射，第二固化层牢固地黏结在前一固化层上，这样一层层叠加形成三维工件模型。

最后，将模型从树脂中取出，进行最终固化，经打光、电镀、喷漆或着色处理即得到要求的产品。

4.2.2 成型系统与设备

面曝光 3D 打印系统中主要采用基于数字微镜器件（Digital Micromirror Devices，DMD）技术的 DLP 技术。DLP 投影设备主要由光学投影设备、DMD 芯片及光源三个基本部分组成。DMD 器件是 DLP 技术实现的核心器件，其性能直接关系到 3D 打印的效率和质量。

DMD 芯片是由很多个微米级的微镜片组成的，透镜和滤光板将自然光分解成红绿蓝三色，三种基色光通过滤色板轮流照射到 DMD 芯片上，通过电压控制微镜片在一定角度内转动，控制各像素点光路的通断，从而将图像投影到显示屏上。近年来，DMD 技术不断取得突破。DMD 微镜片向着更高像素、更大面积的方向发展，极大地提高了图像显示的分辨率；镜面翻转角更大，相应显著地提高了图像的对比度和清晰度。

DLP 型 3D 打印机主要由光学模块、Z 轴模块、涂覆模块、树脂槽升降模块、补液模块及机架等部分构成。

（1）光学模块位于 DLP 打印机结构的顶层位置，因此称为上投影，与市场上常见的下投影 DLP 打印机相比，具有打印幅面更大、打印尺寸更大的优点，光机的微调机构，既能满足光机在 Z 轴方向实现 0.01mm 级别的微调，又能满足光机投射的紫外光与 X-Y 平面之间的垂直关系。

（2）Z 轴模块的作用是带动托板上下运动，行程为 150mm，托板是零件生长成型的平台，是一块冲有密集小孔的铝板（120 mm × 210 mm），每固化一层，托板便要下降一个层厚，此过程采用伺服电机作为驱动元件，通过滚珠丝杠和双侧直线导轨带动托板上下运动，以满足打印分层运动时的精度需求。

（3）刮刀是涂覆模块的重要结构，采用伺服电机作为驱动元件，带动刮刀在 F 方向来回移动，打印过程中刮刀周而复始地刮平打印工件的表面，使其成为材料成型生长的新基面。

（4）树脂槽由不锈钢板焊接而成，由主槽和液位检测区两部分组成，两者之间是相互连通的，树脂槽升降模块除了树脂槽，还包括激光液位传感器、树脂槽安装平台、树脂槽升降装置，驱动元件选用抱闸的伺服电机，以防止掉电后树脂槽坠落。

（5）补液模块位于 DLP 打印机最下方，由步进电机、补液槽及蠕动泵三部分组成，打印多次产品以后，树脂槽内液位必定不符合打印液位要求，可以通过补液系统将补液槽中的树脂加到树脂槽中，这样可以增加做件次数。

（6）机架是其他模块的安装载体，所有的功能模块都安装在机架上得以实现自身功能，其由高强度方型钢管组成，机架下方安装可调节的地脚，用于调整设备的水平状态，使 Z 基板垂直于水平面，除此之外，还装有 4 个万向轮，便于运输打印机。

4.2.3　成型工艺过程

（1）通过前处理软件（如 Magics）将三维模型 STL 文件按照打印要求进行编辑、修复、切片、生成且保存 cli 文件。

（2）打开上位机，设置相应的打印参数（例如，曝光时间、Z 轴运动速度），加载 cli 切片文件。

（3）单击"开始打印"按钮，整个打印任务便开始执行。

（4）光源透过聚光镜，使光源均匀分布，菲涅尔镜使光源垂直照射在液晶屏上。

（5）图像会通过液晶屏照射到光敏树脂上，托板与底模之间固定高度的树脂通过投影的光发生固化成型并附着在托板上。

（6）托板将固化成型的部分拉起，让液体再次补充进来，托板在下降，从而使托板与底模之间的薄层树脂再次发生固化并附着在之前成型的固化树脂上，周而复始，逐层固化直到完成模型整体成型。

4.2.4　工艺特点及应用

1. 工艺特点

DLP 技术的主要优点：DLP 设备整体尺寸更为小巧；能够打印细节精度要求更高的产品，从而确保其加工尺寸精度可以达到 20～30μm；高速的空间光调制器，显示速率高达

32kHz；光效率高，微镜反射率达 88% 以上；窗口透射率大于 97%；支持波长范围在 365～2500nm 之间；微镜的光学效率不受温度影响。

DLP 技术的主要缺点：机型造价相对 SLA 设备高；加工尺寸受限，主要用于小体积物品的打印；DLP 技术使用的液态树脂材料具有一定的毒性，使用时需密闭。

2. 应用

DLP 技术的应用领域有医疗、建筑、运输、航天、考古、教育、工业制造、珠宝首饰、玩具等。

3. DLP 技术与 SLA 技术的对比如下。

（1）相同点：打印材料同为光敏树脂；工作原理都是利用液态光敏树脂在紫外光照射下固化的特性。

（2）二者本质的差别在于照射的光源：SLA 技术采用激光点聚焦到液态光聚合物，而 DLP 技术是先对影像信号进行数字处理，然后把光投影出来固化光聚合物。由于每层固化时通过幻灯片似的片状固化，DLP 速度比同类型的 SLA 速度更快。

4.3 数字光合成技术

Carbon 的 CLIP 3D 打印技术支持一种称为数字光合成（DLS）的技术，其将数字光投影与透氧环境和可编程树脂相结合，创造出坚固耐用、高性能的聚合物部件。该技术不仅可以进行超快速 3D 打印，而且可以通过完全消除模型设计的方式来加快整体生产，创造出了以前不可能设计的产品。

打印装置中有一个非常重要的部分，既可以通氧气，又可以通光线，类似于隐形眼镜。光的作用是引发聚合成型（固化），而氧气的重要作用是阻止不需要打印的部分聚合成型（固化），通过特殊的精确控制技术，让需要固化的部分固化，不需要固化的部分被氧气阻止固化，最终完美呈现出产品，所以结果像是一个成型的东西从液体中"提"了出来。

4.4 液晶显示光固化技术

1. 工作原理

液晶显示（LCD）光固化 3D 打印机的工作原理是利用液晶屏的成像原理，在计算机及显示屏电路的驱动下，由计算机程序提供图像信号，在液晶屏幕上出现选择性的透明区域，紫外光透过透明区域，照射树脂槽内的光敏树脂耗材进行曝光固化，每一层固化时间结束后，平台托板将固化部分提起，让树脂液体补充回流，平台再次下降，模型与离型膜之间的薄层再次被紫外光曝光。由此逐层固化上升打印成精美的立体模型。

LCD 光固化技术分为两种，其分界线就是光源波长，一个是 405nm 紫外光，一个是 400～600nm 可见光。LCD 掩膜光固化：用 405nm 紫外光（和 DLP 一样），加上 LCD 面板作为选择性透光的技术，是 LCD 掩膜技术（LCD masking），行业里有很多各自的名字。例如，选择数字光处理（mDLP）、液晶 DLP 技术、紫外掩膜固化等。

2．优势

（1）LCD 光固化 3D 打印机的精度可达 0.025mm/层，层纹完胜 FDM 技术，精度媲美 DLP 技术，甚至可以达到部分 SLA 设备的打印精度。

（2）LCD 光固化 3D 打印机以透紫外光的方式成型，每次成型一个面的体积，在大面积打印的情况下，速度远远超越 FDM 打印机的打印速度。

（3）LCD 光固化 3D 打印机打印出来的树状支撑类型极易去除，表面支撑点可轻松通过砂纸打磨去除。

（4）LCD 光固化 3D 打印机价格是 DLP 打印机价格的十分之一，且维护简单，成本低。

3．劣势

（1）LCD 打印成型是利用树脂耗材进行打印的，在打印后，模型表面会附有树脂耗材残留，需要进行模型后处理，一般用浓度为 90% 的乙醇进行清洗冲刷。

（2）LCD 光固化 3D 打印机的打印平台较小，不能一体成型大体积的模型。

（3）树脂属于化学物品，会挥发出不同类型的难闻气味，含有微量毒性，需要在特定环境下使用。

☿ 第5章 ☿

粉末床熔融增材制造技术

5.1 选择性激光烧结技术

选择性激光烧结（Selective Laser Sintering，SLS）技术是一种利用激光有选择地烧结粉末形成三维结构的技术手段，最初是由美国得克萨斯大学奥斯汀分校研究生 C.R.Dechard 提出，并于 1989 年获得了第一个专利（US4863538B），在此专利的基础上，美国 DTM 公司（现已并入美国 3D Systems 公司）推出 Interstation2000 系列商品化选择性激光烧结成型机。目前，SLS 技术已经解决了传统加工方法中的许多难题，并在汽车、造船、医疗、航空等领域得到了广泛的应用，对人们的生活生产方式产生了深远影响。

SLS 技术是一种以激光为热源烧结粉末材料成型的快速成型技术。从理论上来说，任何受热后能够黏结的粉末均可作为 SLS 技术烧结的原料，包括高分子、陶瓷、金属粉末和它们的复合粉末。

5.1.1 基本原理

SLS 技术采用的是材料的离散和堆积的原理，以固体粉末材料直接成型三维实体零件，不受零件形状复杂程度的限制，不需要任何的工装模具和支撑。

首先，在计算机中，利用三维实体造型软件建立要加工零件的三维模型，并用分层切片软件对模型进行处理，得到不同高度上截面的轮廓信息。其次，成型时，先在工作台上用辊筒铺一层粉末材料，并将其加热至略低于它的熔点的温度。最后，激光束在计算机的控制下，按照截面轮廓的信息，对制件实心部分所在的粉末进行扫描，使粉末的温度升至熔点，熔化粉末颗粒交界处的粉末相互黏结，逐步形成各层轮廓。在非烧结区的粉末仍呈松散状，作为工件和下一层粉末的支撑。一层成型完成后，工作台先下降一截面层的高度，再进行下一层的铺料和烧结，如此循环，最终完成三维工件。图 5-1 所示为SLS 技术的工艺原理图。

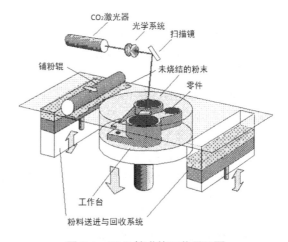

图 5-1 SLS 技术的工艺原理图

5.1.2　高分子粉末材料 SLS 技术

1. 烧结原料

高分子粉末材料由于所需烧结能量小、烧结工艺简单、模型质量好，已成为广泛应用的 SLS 成型的原材料。SLS 技术所用高分子粉末材料应具有粉末结块温度低、收缩小、内应力小、强度高、流动性好等特点。

高分子粉末材料最早在 SLS 技术中得到应用，也是目前应用最多、最成功的 SLS 材料。目前，已用于 SLS 技术的高分子粉末材料主要是热塑性高分子及其复合材料，热塑性高分子又可分为非结晶性和结晶性两种，其中非结晶性高分子包括聚碳酸酯（PC）、聚苯乙烯（PS）、高抗冲聚乙烯（HIPS）等，结晶性高分子有尼龙（PA）、聚丙烯（PP）、高密度聚乙烯（HDPE）、聚醚醚酮（PEEK）等。

目前，常见的高分子粉末材料有聚苯乙烯（PS）、尼龙（PA）、尼龙与玻璃微球的混合物、聚碳酸酯（PC）、聚丙烯（PP）蜡粉等。

热塑性聚合物黏结剂材料有两类，一类是无定型，另一类是结晶型。无定型材料分子链上分子的排列是无序的，如 PC 材料；结晶型材料分子链上分子的排列是有序的，如尼龙（PA）材料。

用于 SLS 技术的高分子粉末材料一般由高分子基体材料、抗氧剂、光吸收剂、分散剂、无机填料等组成，其中高分子基体材料是影响 SLS 制件性能的关键因素，其他助剂的添加可以使高分子粉末材料更符合烧结要求、调节烧结加工性能等，保证烧结件的质量与烧结过程的顺利进行。

2. 工艺过程

高分子粉末材料激光烧结快速成型制造工艺过程同样分为前处理、粉层激光烧结叠加及后处理过程三个阶段。

（1）前处理

前处理阶段主要完成模型的三维 CAD 造型，并经 STL 数据转换后输入粉末激光烧结快速成型系统中。

（2）粉层激光烧结叠加

首先，在制作过程中，为确保制件烧结质量，减少翘曲变形，应根据截面变化相应地调整粉料预热的温度。对于聚苯乙烯高分子粉末材料，成型空间一般需要预热到 100℃左右。在预热阶段，根据模型结构的特点进行制作方位的确定，当摆放方位确定后，将状态设置为加工状态。

然后设定建造工艺参数，如层厚、激光扫描速度和扫描方式、激光功率、烧结间距等。当成型区域的温度达到预定值时，便可以启动制作了。

所有叠层自动烧结叠加完毕后，需要将模型在成型缸中缓慢冷却至 40℃以下，取出模型并进行后处理。

（3）后处理

激光烧结后的聚苯乙烯成型件，强度很弱，需要根据使用要求进行渗蜡或渗树脂等操作进行补强处理。

烧结成型件经不同的后处理工艺具有以下功能。

① 结合渗树脂工艺，进一步提高其强度，可作为成型件及功能零件。

② 经渗蜡后处理，可作为精铸蜡模使用，通过熔模精密铸造，生产金属铸件。

5.1.3　陶瓷粉末材料 SLS 技术

1. 烧结原料

陶瓷粉末材料由于其具有加工温度高、制件硬度大等优点，可用于制作耐高温的特种功能件。但是陶瓷粉末材料由于烧结温度高，导热性能差，在激光束作用的极短时间内不能实现粉末间的熔融黏结，因此只能通过将陶瓷粉末和黏结剂混合后再烧结来制备陶瓷基功能件。

目前，常用的陶瓷粉末材料主要有四类：直接混合黏结剂的陶瓷粉末、表面覆膜的陶瓷粉末、表面改性的陶瓷粉末、树脂砂。

常用的黏结剂有无机黏结剂、有机黏结剂和金属黏结剂。

2. 工艺过程

1）烧结成型

陶瓷粉末（或混合体粉末）经过选择性激光烧结后只形成了模型或零件的坯体，这种坯体还需要进行后处理以进一步提高其力学性能和热学性能。

2）静置

金属或陶瓷粉末等经过激光烧结后，应静置 5～10h。

3）取出模型

待模型坯体缓慢冷却后，用刷子刷去表面粉末露出加工部件，其余残留的粉末可用压缩空气除去。常使用的工具是锉刀和砂纸，一般手工完成。某些情况下金属模型件也使用打磨机、砂轮机、喷砂机等设备。

4）高温烧结、热等静压后处理、熔浸、浸渍

（1）高温烧结。金属和陶瓷坯体均可用高温烧结的方法进行处理。经高温烧结后，坯体内部孔隙减少，密度、强度增加，其他性能也得到改善。

高温烧结后由于内部孔隙减少会导致体积收缩，影响制件的尺寸精度。同时，在高温烧结后处理中，要尽量保持炉内温度梯度均匀分布。如果炉内温度梯度分布不均匀，那么可能造成制件各个方向的收缩率不一致，使制件翘曲变形，在应力集中点还会使制件产生裂纹和分层。

（2）热等静压后处理。热等静压后处理工艺是通过流体介质将高温和高压同时均匀地作用于坯体表面，消除其内部气孔，提高密度和强度，并改善其他性能。

热等静压后处理可使制件非常致密，这是其他后处理方法难以实现的，但制件的收缩率也较大。

（3）熔浸。熔浸是将金属或陶瓷制件与另一种低熔点的液体金属接触或浸埋在液态金属内，让金属填充制件内部的孔隙，冷却后得到致密的零件。熔浸过程依靠金属液在毛细力作用下湿润零件，液态金属沿着颗粒间孔隙流动，直到完全填充孔隙为止。为获得足够的强度（或密度），又希望收缩和变形很小，可采用熔浸的方法对选择性激光烧结的坯体进行后处理。

（4）浸渍。浸渍和熔浸的特点相似，所不同的是浸渍是将液态非金属物质浸入多孔的选择性激光烧结坯体的孔隙内。浸渍和熔浸相同的是，经过浸渍处理的制件尺寸变化很小。

在后处理中，要控制浸渍后坯体零件的干燥过程。干燥过程中的温度、湿度、气流等对干燥后坯体的质量有很大的影响。干燥过程控制不好，会导致坯体开裂，严重影响零件的质量。

5）热处理

熔浸过后模型的密度、强度得到进一步加强。但是针对金属成型件，需根据使用目的进行相应的热加工处理，以进一步提高成型件的力学性能。

6）抛光、涂覆

对于完成以上处理步骤的成型件，还需要考虑其长久保存和使用目的等问题，如对成型件进行抛光和涂覆，使最后的模具可兼具防水、防腐、坚固、美观、不易变形等特点。

5.1.4　金属粉末 SLS 技术

用 SLS 技术制造金属功能件的方法有直接法和间接法。直接法就是直接烧结单一金属粉末或金属合金粉末，将两种或多种熔点相差明显的金属粉末混合成金属合金粉末。SLS 直接金属粉末成型即直接金属粉末激光烧结，SLS 直接金属粉末成型技术所使用的金属粉末中不含任何有机黏结剂。其中，高熔点成分称为结构材料，成型过程中低熔点成分首先熔化并作为黏结剂得到金属功能件。间接法速度较快，精度较高，技术最成熟，应用最广泛。下面将以间接法为例说明 SLS 技术。

1．烧结原料

由于聚合物软化温度较低、热塑性较好及黏度低，故采用包覆制作工艺，将聚合物包覆在金属粉末表面，或者将其与金属粉末材料以某种形式混在一起。在用 SLS 技术成型时，聚合物受激光加热而成为熔融态，流入金属粉粒间，将金属粉末黏结在一起而成型。

在成型的坯件中，既有金属成分，又有聚合物成分。坯件还需要进行热降解、二次烧结和渗金属后处理，才能成为纯金属件。

2．成型材料

（1）结构材料是金属，主要是不锈钢和镍粉。

（2）聚合物主要是热塑性材料。热塑性聚合物材料有两类，一类是无定型材料，另一类是结晶型材料。无定型材料分子链上的分子排列是无序的，如 PC 材料；结晶型材料分子链上的分子排列是有序的，如尼龙（PA）材料。这两种热塑性聚合物都可以用作 SLS 材料中的黏结剂。

（3）聚合物在成型材料中主要以两种形式存在，一种是聚合物粉末与金属粉末的机械混合物，另一种是聚合物均匀地覆盖在金属粉粒的表面。

将聚合物覆盖在金属粉末表面的方法有多种，如可将热塑性材料制成溶液，稀释后与粉末混合、搅拌、干燥；还可将聚合物加热熔化，以雾状喷出，覆盖在粉粒表面。

在聚合物和金属粉末质量分数相同的情况下，覆层粉末烧结后的强度要高于机械混合的材料。

目前，应用最多的成型材料主要是覆层金属粉末。

3．工艺过程

1）激光烧结

激光烧结的工艺参数：激光功率、扫描速度、扫描间距、粉末预热温度。

2）降解聚合物

降解加热在两个不同温度的保温阶段完成，先将坯件加热到 350℃，保温 5h，然后升温到 450℃，保温 4h。在这两个温度段，聚合物都会发生分解，其产物是多种气体，通过加热炉上的抽风系统将其去除。保护气氛为 30% 的氢气、70% 的氮气。通过降解，98% 以上的聚合物被去除。

3）二次烧结

当聚合物大部分被降解后，金属粉粒间只靠残余的一点聚合物和金属粉末间的摩擦力来保持，这个力是很小的。要保持形状，必须在金属粉粒间建立新的联系，这就是将坯件加热到更高温度，通过扩散来建立联结。

4）渗金属

二次烧结后的成型件是多孔体，强度也不高，提高强度的方法就是渗金属。熔点较低的金属熔化后，在毛细力或重力的作用下，通过成型件内相互连通的孔洞，填满成型件内的所有空隙，使成型件成为密实的金属件。渗金属在可控气氛或真空中进行。在可控气氛中，必须使渗入金属单向流动，这样可让连通孔隙中的空气离开成型件；如多方向渗入，会将成型件中的气体封在体内，形成气孔而削弱强度。如果将成型件置于真空室内渗金属，由于成型件内没有空气存在，那么可将成型件浸入液态金属中，金属液体从四周同时渗入，渗入速度快，时间短。

4．工艺特点

用 SLS 系统间接成型金属件，其成型速度较快，可制造形状复杂的金属件，主要用来快速制造注塑模和压铸模。

间接法制造金属件的缺点是制件的精度有限，由于在降解和二次烧结过程之中存在体积收缩问题，补偿的作用有限，后处理时间比较长。

可采取的措施：改进黏结剂，渗入非金属材料，取消降解和二次烧结过程，使坯件不被加热，这样的成型件具有高的精度，制造周期短，成本低，可满足使用寿命短的模具要求。

5.1.5　成型工艺及分析

在利用 SLS 技术制造成型件的过程中，容易影响成型件精度的因素有很多，如 SLS 设备精度误差、CAD 模型切片误差、扫描方式、粉末颗粒、环境温度、激光功率、扫描速度、扫描间距、单层层厚等。其中，烧结工艺参数对精度和强度的影响是很大的。后续处理（焙烧）时产生的收缩和变形也会影响陶瓷制件的精度。

1．激光器的选择

目前用于固态粉末烧结的激光器主要有两种：CO_2 激光器和 Nd:YAG 激光器。CO_2 激光器的波长为 10.6μm，Nd:YAG 激光器的波长为 1.06μm。对于陶瓷、金属和塑料三种主要的固态粉末来说，选用何种激光器取决于固态粉末材料对激光束的吸收情况。

（1）金属粉末烧结选用 Nd:YAG 激光器，而不选用 CO_2 激光器，因为金属粉末对 CO_2 激光器发出的激光反射率比 Nd:YAG 激光器所发出的激光的反射率大得多。

（2）陶瓷粉末的烧结也选用 Nd:YAG 激光器。

（3）塑料粉末如聚碳酸酯的烧结可用 CO_2 激光器，因为聚碳酸酯在 5.0～11.0μm 波长范围内具有很高的吸收率。

2．预热

对粉末材料进行预热，可以减小粉末因烧结成型时受热在工件内部产生的内应力，防止其产生翘曲和变形，提高成型精度。

3．激光功率密度和扫描速度

激光功率密度由激光功率和光斑大小决定。在固态粉末选择性激光烧结中，激光功率密度和扫描速度决定了激光能对粉末加热的温度和时间。不合适的激光功率密度和扫描速度会使零件内部组织和性能不均匀，影响零件质量。

（1）当激光功率小而扫描速度快时，粉末加热温度低、时间短，烧结深度小。

（2）当激光功率大而扫描速度慢时，聚碳酸酯能发生气化、消融，烧结深度也减小。激光功率和扫描速度的适当配合，可使烧结深度达到最大值。

4．激光束扫描间距

激光扫描间距是指相邻两激光扫描行之间的距离，它对形成较好的层面质量与层间结合及提高烧结效率均有直接影响。合理的扫描间隔应保证烧结线间、层面间有适当重叠。

5．激光扫描方式的影响

1）平行扫描

图 5-2 所示为平行扫描，是一种常见的扫描方式，它要么是平行长边扫描，要么是平行短边扫描。但常用的扫描路径有很大缺陷，模型尺寸有多大，同一方向的扫描线就得有多长，这不利于扫描过程中制件沿扫描方向的自由收缩。实践证明，沿扫描方向的残余应力最大。

2）分型扫描

分型结构是一种具有自相似性的图形，可以采用几级图形作为扫描路径。图 5-3 所示为分型扫描，分型扫描的路径都是短折线，激光束扫描方向不断改变，使得刚刚烧结的部分沿扫描方向能够自由收缩，能有效降低薄层中的残余拉应力，有望提高烧结件的力学强度。

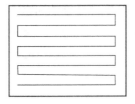

图 5-2　平行扫描

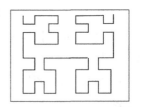

图 5-3　分型扫描

5.2　激光选区熔化技术

激光选区熔化（Selective Laser Melting，SLM）技术，顾名思义也就是在加工的过程中用激光使粉体完全熔化，不需要黏结剂，成型的精度和力学性能都比 SLS 技术要好。

5.2.1　基本原理及工艺特点

1．基本原理

SLM 技术的工艺原理图如图 5-4 所示，成型时先由铺粉工具在工作台面上铺上一层金属粉末材料，激光束在计算机的控制下，按照截面轮廓的信息，对制件的实心部分所在的粉末进行扫描，在高能量密度的激光作用下金属粉末完全熔化，经冷却凝固与前一层固体金属发生焊合成型，原理类似于激光焊。一层完成后，工作缸带动工作台下降一个层厚，再进行后一层的铺粉熔化。如此循环，最终形成三维制件。

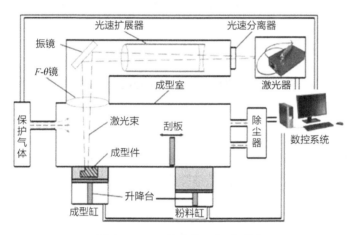

图 5-4　SLM 技术的工艺原理图

2．工艺特点

（1）由于激光器功率和扫描振镜偏转角度的限制，SLM 设备能够成型的零件尺寸范围有限。

（2）表面粗糙度有待提高，产品需要进行二次加工，才能用于后续的工作。

（3）熔化金属内存在应力，而且在熔化的过程中稳定性较难控制。

（4）成型速度较慢，为了提高加工精度，需要用更小的加工层厚。

（5）SLM 技术工艺较复杂，需要加支撑结构，考虑的因素多。因此多用于工业级的增材制造。

SLM 技术采用精细聚焦光斑，可快速熔化 300～500 目的预置粉末材料，几乎可以直接获得任意形状及具有完全冶金结合性能的功能零件。致密度可达到 100%，尺寸精度达 20～50μm，表面粗糙度达 20～30μm，是一种极具发展前景的快速成型技术。

SLM 成型件的应用范围比较广，主要是机械领域的工具及模具、生物医疗领域的生物植入零件或替代零件、电子领域的散热器件、航空航天领域的超轻结构件、梯度功能复合材料零件。

5.2.2 成型设备

SLM 设备一般由光路单元、机械单元、控制单元、工艺软件和保护气体密封单元几个部分组成，SLM 设备组成如图 5-5 所示。光路单元主要包括光纤激光器、扩束镜、反射镜、扫描振镜和聚焦透镜等。

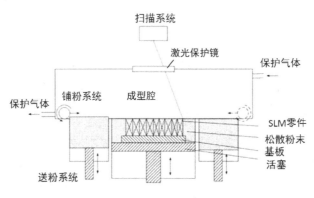

图 5-5　SLM 设备组成

1．光纤激光器

光纤激光器是 SLM 设备中最核心的组成部分，直接决定了整个设备的成型质量。SLM 设备所采用的光纤激光器，具有转换效率高、性能可靠、寿命长、光束模式接近基模等特点，优势明显。高质量的激光束能被聚集成极细微的光束，并且其输出波长短。

2．扩束镜

扩束镜的作用是扩大光束直径，减小光束发散角，减小能量损耗。

3．激光束扫描控制

激光束扫描控制是计算机通过控制卡向扫描振镜发出控制信号，控制 X/Y 扫描振镜运动以实现激光扫描。

4．设备扫描控制

设备扫描控制中，包含 X/Y 方向、层错、螺旋、轮廓偏移、分区等几种基本扫描方式，几种基本扫描方式可以相互结合，图 5-6 所示为 6 种基本扫描方式。

5．扫描振镜

扫描振镜由计算机控制的电机驱动，作用是将激光光斑精确定位在加工面的任一位置。通常使用专用平场扫描透镜来避免出现扫描振镜单元的畸变，使聚焦光斑在扫描范围内得到一致的聚焦特性。

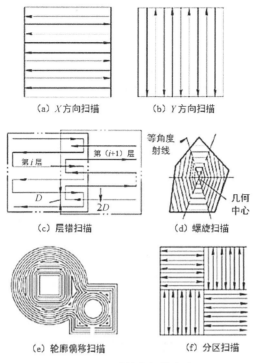

（a）X 方向扫描　（b）Y 方向扫描

（c）层错扫描　（d）螺旋扫描

（e）轮廓偏移扫描　（f）分区扫描

图 5-6　6 种基本扫描方式

6．机械单元

机械单元主要包括铺粉装置、成型缸、粉料缸、成型室密封设备等。铺粉质量是影响 SLM 技术成型质量的关键因素，目前 SLM 设备中主要有铺粉刷和铺粉滚筒两大类铺粉装置。成型缸与粉料缸由电机控制，电机控制的精度也决定了 SLM 技术的成型精度。

7．控制系统

设备控制系统完成对零件的加工操作。主要包括以下功能：①系统初始化、状态信息处理、故障诊断和人机交互功能；②对电机系统进行各种控制，提供了对成型活塞、供粉活塞、铺粉滚筒的运动控制；③对扫描振镜的控制，设置扫描振镜的运动速度和扫描延时等；④设置自动成型设备的各种参数，如调整激光功率，成型缸、铺粉缸上升、下降参数等；⑤提供对成型设备五个电机的协调控制，完成对零件的加工操作。

5.2.3　振镜式激光扫描系统

振镜式扫描系统采用高速往复伺服电动机带动 X 与 Y 两片微小反射镜片协调偏转反射激光束的方式来达到光斑在整个平面上扫描的目的。其不同于一般机械式扫描系统：利用丝杆的传动带动扫描头在二维平面上来回运动完成扫描，由于是机械式的，所以扫描系统的惯性大，扫描响应速度慢。

在各类型激光扫描技术中，振镜式激光扫描是目前广泛采用的一种激光扫描方式。它具有高速、高精度、性能稳定等优点，但存在光斑焦点不在加工面上的聚焦误差问题。另外，振镜式激光扫描存在扫描图形的线性失真和非线性失真问题，特别是当扫描区域较大时，严重影响了激光扫描的图形精度及加工质量。

1. 枕形失真

当扫描镜在工作面上扫描一个矩形时，它得到的实际轨迹并非一个标准矩形，而是枕形。图 5-7 所示为枕形失真。双振镜扫描会引起单轴的枕形误差，误差是由映射到平面时不是一一对应的线性关系引起的，是一种原理性误差。

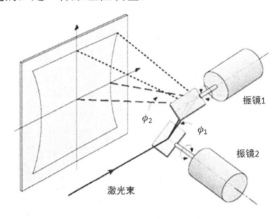

图 5-7 枕形失真

解决枕形失真的方法：由于产生的畸变在 X 和 Y 两个方向上不是一致的，所以不能采用常规透镜的办法来矫正，可以通过畸变公式软件来修正理想图和畸变图之间的地址映射关系，这种平面坐标变换方法能很好地解决这个问题。

2. 聚焦误差

焦平面：在聚束过程中，激光会形成一个漏斗状的光路，这时的横截面就是焦平面，也就是常说的光斑直径。高精度的扫描场合中，为了获得较好的扫描效果，需要把工作台面的光斑半径控制在一定范围内（范围因扫描设备不同而参数不同）。在扫描范围内的任意位置，都要求激光束能很好地聚焦。那么在振镜扫描系统中这个更典型的误差就来自焦平面，在激光通过 X/Y 振镜后，焦平面是一个球平面。

解决该问题的方法为用 $F\text{-}\theta$ 透镜对聚焦畸变进行校正，这种方法只适合较小的工作台面的激光扫描加工，若在较大工作台面上扫描，则 $F\text{-}\theta$ 镜尺寸大、成本高，且越靠近边缘补偿效果越差。

3. 动态聚焦振镜扫描系统

动态聚焦技术是近年来兴起的激光扫描聚焦误差补偿技术，有更有效和更精准的补偿效果，并且支持的视场更大，价格上相对来说也更加昂贵。

动态聚焦振镜激光扫描系统一般采用上层应用软件和下层驱动软件控制。由于采用开环控制，所以在运动过程中要求实现三轴同步。动态聚焦振镜扫描系统主要由激光器、扩束准直系统、动态聚焦系统、X/Y 振镜扫描系统等几部分组成。图 5-8 所示为动态聚焦振镜扫描系统示意图。

驱动振镜的伺服电机是由模拟电压驱动的。依据光学杠杆原理设计动态聚焦扫描系统光学模型，激光束经动态聚焦系统再经两次镜面反射到达扫描场。在伺服电机的驱动下，动态聚焦镜在光路方向上做往复直线运动，实时补偿聚焦误差，从而保证光斑焦点的扫描场与工作场的误差得到补偿。

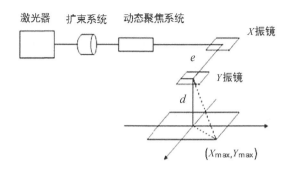

图 5-8 动态聚焦振镜扫描系统示意图

5.2.4 成型工艺及缺陷分析

1. SLM 成型的工艺流程

（1）在工作缸上部安装金属基板，控制铺粉辊与基板的间隙为 0.05～0.1mm。

安装金属基板是为了给 SLM 成型提供一个生长平面并依次逐层堆积形成零件。该基板主要起到两个作用：第一，避免铺粉时由于铺粉辊的摩擦使零件已成型部分发生位移。第二，给粉末高温熔化过程提供散热基底，从而促使熔池快速凝固，避免过烧。

（2）密封成型腔体，用真空泵将成型腔内抽成真空状态。

（3）向成型腔内输入保护性气体；成型腔内的氧含量控制在较低水平（越低越好，控制在 0.1% 以下）。

（4）通过送粉系统往金属基板上送入一定数量的粉末，并由铺粉辊铺平。

（5）通过高能激光束熔化切片区域内的金属粉末。

（6）工作缸下降一个切片厚度。

（7）重复以上步骤。

2. 影响激光选区熔化成型件质量的因素

1）激光功率

激光功率是 SLM 技术中的一个重要影响因素。功率越高，激光作用范围内的能量密度越高，材料熔化越充分，同时成型过程中参与熔化的材料就越多，形成的熔池尺寸也就越大。粉末成型固化后易生成凸凹不平的层面，激光功率高到一定程度时，激光作用区内粉末的材料急剧升温，能量来不及扩散，易造成部分材料甚至不经过熔化阶段直接气化，产生金属蒸气。在激光作用下该部分金属蒸气与粉末材料中的空气一道在激光作用区内汇聚、膨胀、爆破，形成剧烈的成型飞溅现象，带走熔池内及周边大量金属，形成不连续表面，严重影响成型工艺的进行，甚至导致成型无法继续进行。同时飞溅产物也容易造成成型过程的"夹杂"。

2）光斑直径

光斑直径是 SLM 技术中的另外一个重要影响因素。总的来说，在满足成型基本条件的前提下，光斑直径越小，熔池的尺寸也就可以控制得越小，越易在成型过程中形成致密、精细、均匀一致的微观组织。同时，光斑直径越小，越容易得到精度较好的三维空间结构，但是光斑直径的减小，预示着激光作用区内能量密度的提高，光斑直径过小，易引起上述成型飞溅现象。

3）扫描间隔

扫描间隔是 SLM 技术中的又一个重要影响因素，它的合理选择对形成较好的层面质量与层间结合、提高成型效率均有直接影响。同间接工艺一样，合理的扫描间隔应保证成型线间、层面间有适当重叠。

3．激光选区熔化过程中会出现的一些缺陷

1）球化

在 SLM 成型过程中，由于熔化的金属表面张力很高，金属粉末经激光熔化后如果不能均匀地铺展于前一层，而是形成大量彼此隔离的金属球，那么这种现象称为 SLM 过程的球化现象。

球化的主要危害如下。

（1）球化的产生导致金属件内部形成孔隙，由于球化后金属球之间都是彼此隔离开的，隔离的金属球之间存在大量孔隙，大大降低了成型件的力学性能并增加了表面粗糙度。

（2）球化的产生会使铺粉辊在铺粉过程中与前一层产生较大的摩擦力，不仅会损坏金属表面质量，严重时还会阻碍铺粉辊，使其无法运动，最终导致成型零件失败。

而对于铁基复合粉末而言，在较低的扫描速度与激光功率下能够得到较为平坦的表面，而不会产生球化；球化的产生还与表面氧化有关，可以通过采用较高激光能量来打破连续的氧化膜，进而净化固/液界面，也可以采用添加脱氧剂（如磷铁）的方式降低表面张力。

2）孔隙

SLM 技术的最终目标是制造出高致密的金属零件，成型过程中产生的孔隙降低了金属件的力学性能，严重影响成型零件的实用性。目前国内外在 SLM 孔隙的研究方面主要有以下两个方向。

（1）优化工艺以成型出高致密、高性能的金属零部件。

（2）调整工艺以获得较多孔隙，并控制孔形、孔径及孔隙率，制造出多孔金属零件。

成型件的相对密度与热源体能量密度有关，铁基成型件的相对密度与能量密度满足指数关系。

3）翘曲变形和外边凸起缺陷

在 SLM 成型过程中，液态金属快速凝固，使得制件层内及层间出现了大的温度梯度，凝固过程形成了大的热应力。冷却过程中会发生组织转变，组织热膨胀系数的不同会产生组织应力，并且凝固组织还存在残余应力。

翘曲变形对成型件精度影响很大，造成很大的尺寸、形位误差，甚至导致加工无法进行或金属零件的报废。图 5-9 所示为翘曲变形对制件的影响，图 5-9（a）所示为悬垂结构成型过程中发生的翘曲变形，图 5-9（b）所示为添加支撑的悬垂结构成型过程中，支撑因翘曲变形严重被拉断。

外边框凸起的地方会在多层熔化成型过程中累积，使得 SLM 成型零件的内部铺粉层厚加大，而粉末熔化收缩导致此缺陷越发严重。

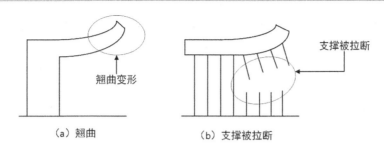

图 5-9　翘曲变形对制件的影响

当熔道的起点与终点熔宽、熔高变大时，好像一个围栏将零件的其他区域围起来，边框部分与粉末充分接触，零件内部区域被粉末填满后熔化收缩严重。图 5-10 所示为 SLM 成型过程中外框凸起缺陷现象。

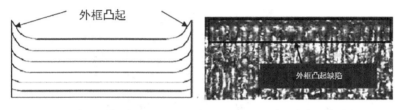

图 5-10　SLM 成型过程中外框凸起缺陷现象

4）微观组织演变

SLM 成型是基于激光微区熔化及增量制造的理念，区别于铸、锻、焊等传统的加工方法。因此，金属粉末在 SLM 成型过程中经历了复杂的热作用历程，形成了独特的微观组织。金属材料的微观组织又决定其性能，因此揭示了 SLM 成型组织的演变规律对组织调控、提升成型件性能具有重要作用。

金属粉末激光熔化成型经历快速熔化—快速凝固过程，温度梯度非常大，促进大量形核并抑制晶粒生长，特别是沿着热流方向形成了极其细小的胞状晶或柱状晶。

控形与控性，是金属增材工艺中的两个重要考察指标。产品打印过程中，也必须关注宏观控形，包括翘曲变形、部件开裂、刮板碰撞或支撑开裂等问题；微观控性中，需要关注孔隙率、相变、球化、颗粒尺寸、一次和二次枝晶结构和初始位错密度等微观特性，表征到打印件后续质量即金属件力学性能和特性。

5.3　电子束选区熔化技术

5.3.1　基本原理及特点

1. 基本原理

电子束选区熔化（Electron Beam Selective Melting，EBSM）技术是 20 世纪 90 年代中期发展起来的一种金属零件 3D 打印技术。EBSM 技术的结构原理图如图 5-11 所示。首先将所设计零件的三维图形按一定的厚度切片分层，得到三维零件的所有二维信息。然后在真空箱内以电子束为能量源，电子束在电磁偏转线圈的作用下由计算机控制，根据零件各层截面的 CAD 数据有选择地对预先铺好在工作台上的粉末层进行扫描熔化，未被熔化的粉末仍呈松散状，可作为支撑。一层加工完成后，工作台下降一个层厚的高度，再进行下一层铺粉和熔化，同时新熔化层与前一层熔合为一体。重复上述过程直到零件加工完后从真空箱中取出，用高压空气吹出松散粉末，得到三维零件。

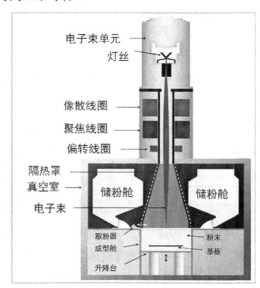

图 5-11   EBSM 技术的结构原理图

2．特点

电子束相对于激光的一个重要特点就是控制灵活，可以实现较高响应速度的偏转控制，从而可以实现高速扫描。电子束通过磁场进行偏转控制，磁场可以改变电子运动的方向而不改变其能量。这种技术可以成型出结构复杂、性能优良的金属零件，但是成型尺寸受到粉末床和真空室的限制。

EBSM 技术具有效率高、热应力小等特点，适用于钛合金、钛铝基合金等难熔、高性能金属材料的成型制造。EBSM 技术是在高真空环境下制造零件的，可以保护材料不受氮、氢、氧等的污染，甚至有去除杂质的提纯作用。因此在航空航天高性能复杂零部件的制造、多孔结构医疗植入体制造等方面具有广泛的应用前景。

5.3.2   成型系统与设备

EBSM 150-Ⅰ系统主要包括 6 个子系统，分别是成型机构子系统、电子束扫描子系统、电子枪子系统、控制子系统、观察检测子系统和环境保障子系统。其中，成型机构子系统、电子束扫描子系统和控制子系统为 EBSM 技术的核心部分。

EBSM 技术利用磁偏转线圈产生变化的磁场驱使电子束在粉末层上快速移动、扫描。在熔化粉末层之前，电子束可以快速扫描、预热粉床，使温度均匀上升至较高值（大于 700℃），减小热应力集中，降低制造过程中成型件翘曲变形的风险；成型件的残余应力更低，可以省去后续的热处理工序。

5.3.3 成型工艺及分析

在目前来看，EBSM 技术的发展是非常迅速的，它的应用将会越来越广泛，并且将在金属零件的直接快速制造上成为一种主流工艺。但是目前应该正视的是 EBSM 技术还存在着许多的不足。

1. "吹粉"

相对于激光束，电子束动量大，在选择烧结时，会出现特有的"吹粉"问题，即预制松散粉末在电子束的压力作用下被推开的现象。"吹粉"问题会导致金属粉末在成型熔化前即已偏离原来位置，从而无法进行后续成型工作。"吹粉"实质上是电子束与粉末相互作用的问题。

"吹粉"现象的原因一方面与粉末材料本身的性质有关，另一方面取决于扫描方法、气氛环境等工艺因素。降低粉末流动性、增加粉末材料的导电性可以减少"吹粉"发生的风险。目前首先通过适当改变粉末的表面状态和堆积方式或粉末间的摩擦系数以提高粉末抗溃散能力，然后在粉末不溃散的条件下，通过逐步提高电子束扫描电流，预热烧结并固定粉末解决"吹粉"问题。

2. 球化

球化现象又称为形球现象，是指金属粉末虽熔融但没形成一条完整平滑的扫描线，而是各自团聚成小球，这主要是由于熔融粉末形成的金属小液滴表面张力过大所致。球化现象实际上取决于三方面因素：熔融小液滴表面张力、粉末是否润湿、粉末间的黏结力。

提高粉末间的黏结力，促使熔融小液滴润湿粉末是抑制球化现象的关键。预热粉末一方面提高粉末颗粒的温度，熔融小液滴更易润湿粉末；另一方面增加粉末的黏度、固定粉末，从而抵御粉末熔融小液滴表面张力，有利于熔融小液滴在粉末表面铺展。

3. 变形及残余应力控制

在零件直接成型过程中，由于热源迅速移动，加热、熔化、凝固和冷却速度快，受热不平衡严重、温度梯度高，组织及热应力大。随着零件结构复杂程度的提高，零件产生较大变形甚至开裂，同时成型结束后，存在残余应力分布。

残余应力作为一种内应力，会影响成型构件静载强度、疲劳强度、抗应力腐蚀等性能及尺寸的稳定性。由于还没有有效的实验方法能检测成型过程应力/应变的演变，对于复杂钛合金结构零件金属直接成型过程应力/应变的演变机理研究，主要是通过数值方法模拟，并通过残余应力测试实验验证的。

4. 表面粗糙度

电子束成型零件的表面粗糙度一般低于精铸表面，对于不能加工的表面，很难达到精密产品的要求。影响电子束成型零件表面粗糙度的主要因素：切片方式及铺粉厚度、电子扫描精度、表面黏粉等。

其中，切片方式及铺粉厚度、电子扫描精度与成型设备有关，而表面黏粉与预热、预烧结及熔化凝固工艺过程有关。预热及预烧结工艺在固定粉末抵抗电子束流轰击中起关键作用，但如果预热温度过高，造成粉末在熔化凝固时，周围热量传导，粉末熔化烧结，那么会造成表面黏粉，降低表面质量。预热温度、区域的选择，尤其是成型区边缘的温度必须严格控制，防止在成型时成型区边缘粉末熔化造成表面黏粉。

5. 缺陷控制

电子束成型缺陷控制技术：在成型过程中实时发现缺陷并对其采用电子束重熔消除及在成型后采用热等静压工艺消除。

第6章

定向能量沉积增材制造技术

6.1 增材制造能量源

6.1.1 激光原理与激光器

1. 激光

激光是 20 世纪以来继核能、计算机、半导体之后，人类的又一项重大发明，被称为"最快的刀""最准的尺""最亮的光"。激光英文名为 Light Amplification by Stimulated Emission of Radiation，意思是"通过受激辐射光扩大"，完全表达了制造激光的主要过程。激光的原理早在 1916 年就被著名的物理学家爱因斯坦发现了。

激光光子的光学特性高度一致，相比普通光源，激光单色性、方向性好，亮度更高，因此激光的应用非常广泛，有激光焊接、激光切割、光纤通信、激光测距、激光雷达、激光武器、激光增材制造等。

2. 激光发光原理

激光与物质的相互作用，实质上是组成物质的微观粒子吸收或辐射光子，同时改变自身运动状况的表现。激光通过在光与物质相互作用过程中受激辐射产生，具有以下产生步骤。

（1）工作介质在泵浦源激励下被激活，低能级粒子被抽送到高能级，实现粒子数反转。

（2）高能级粒子自发向低能级跃迁并发射沿任意方向运动的辐射光子，经谐振腔选择作用，与轴线方向一致的光子在腔内往返运动引起光子持续发射。

（3）光子数不断增加并逐渐积累形成相干光，达到一定程度后部分相干光透射出来，形成激光。

3. 激光器

激光器是指能发射激光的装置。随着科技的发展，激光器的种类越来越多。按工作介质分，激光器可分为气体激光器、固体激光器、半导体激光器和染料激光器 4 大类，近年来还发展了自由电子激光器。

1）CO_2 激光器

波长为 $9\sim12\mu m$（典型波长为 $10.6\mu m$）的 CO_2 激光器因其效率高、光束质量好、功率范围大（几瓦至几万瓦）、既能连续又能脉冲工作等多种优点成为气体激光器中最重要的、用途最广泛的一种激光器。其主要用于材料加工、科学研究、检测国防等方面。常用形式：封离

型纵向电激励 CO_2 激光器、TEA CO_2 激光器、轴快流高功率 CO_2 激光器、横流高功率 CO_2 激光器。CO_2 激光器具有高效低耗、光束质量好、功率范围大、输出模式多样、输出波长落在大气窗口等优点，是气体激光器中使用最广泛的一种激光器。

2）Nd:YAG 激光器

Nd:YAG 激光器输出波长是 CO_2 激光器输出波长的 1/10，有利于激光聚焦、光纤传输，且金属材料对激光吸收率较高，提升了加工效率。Nd:YAG 激光器除连续、脉冲两种工作方式外，使用激光调整技术可获得短/超短脉冲，且高峰值功率使其加工范围更为广泛；能与光纤耦合，可实现多工位、远距离工位输送，提高了激光制造柔性化水平。Nd:YAG 激光器激活介质热效应小，且结构紧凑、操作便捷、使用寿命长。

Nd:YAG 激光器也具有一些缺陷，如转换效率较低、激光输出功率和光束质量受激光棒内热应力和热透镜效应限制、输出功率成本费较高等，这些缺陷限制了 Nd:YAG 激光器的应用。

3）氩离子（Ar^+）激光器

氩离子（Ar^+）激光器是典型的惰性气体离子激光器，利用气体放电试管内氩原子电离并激发，在离子激发态能级间实现粒子数反转而产生激光。它发射的激光谱线在可见光和紫外光区域，在可见光区域它是输出连续功率最高的器件，输出功率为 30～50W。它的能量转换率最高可达 0.6%，频率稳定度在 3E-11，寿命超过 1000h，光谱在蓝绿波段（488nm/514.5nm），功率大，主要用于拉曼光谱、泵浦染料激光、全息、非线性光学等研究领域，以及医疗诊断、打印分色、计量测定材料加工及信息处理等方面。

4）He-Ne 激光器

He-Ne 激光器是典型的惰性气体原子激光器，输出连续光，谱线波长有 632.8nm（最常用）、1015nm、3390nm 三种，近来又向短波延伸。这种激光器输出的功率最大能达到 1W，但光束质量很好，主要用于精密测量、检测、准直、导向、水中照明、信息处理、医疗及光学研究等方面。

5）准分子激光器

准分子激光是一种气体激光，它的工作气体由常态下化学性质稳定的惰性气体原子如 He、Ne、Ar、Kr、Xe 和化学性质较活泼的卤素原子如 F、Cl、Br 等组成。一般情况下，惰性气体原子是不会和别的原子形成分子的，但是如果先把它们和卤素元素混合，再以放电的形式加以激励，那么就能成为处于激发态的分子，当激发态的分子跃迁回基态时，立刻分解、还原成本来的特性，同时释放出光子，经谐振腔共振放大后，发射出高能量的紫外光激光。

这种处于激发态的分子寿命极短，只有 10ns，故称为"准分子（Excimer）"。

准分子激光器的谐振腔用于存储气体、气体放电激励产生激光和激光选模。它由前腔镜、后腔镜、放电电极和预电离电极构成，并通过两排小孔与储气罐相通，以便工作气体的交换、补充。为了获得均匀大面积的稳定放电，一般的准分子激光器均采用预电离技术。在主放电开始之前，预电离电极和主放电的阴极之间先加上高压，使它们之间发生电晕放电，在阴极附近形成均匀的电离层，一般高压为 20～30kV。气体放电时，脉冲高压电源加在电极上，对谐振腔内的工作气体放电，发生能级跃迁产生光子，通过反射镜的反馈振荡，最后产生激光并从前腔镜输出。

6）半导体激光器

半导体激光器是以一定的半导体材料作工作物质而产生受激发射作用的器件。其工作原理是通过一定的激励方式，在半导体物质的能带（导带与价带）之间，或者半导体物质的能带与杂质（受主或施主）能级之间，实现非平衡载流子的粒子数反转，当处于粒子数反转状态的大量电子与空穴复合时，便产生受激发射作用。半导体激光器的激励方式主要有三种，即电注入式、光泵式和高能电子束激励式。电注入式半导体激光器，一般由 GaAs（砷化镓）、InAs（砷化铟）、InSb（锑化铟）等材料制成的半导体面结型二极管，沿正向偏压注入电流进行激励，在结平面区域产生受激发射。光泵式半导体激光器，一般用 N 型或 P 型半导体单晶（如 GaAs、InAs、InSb 等）作工作物质，以其他激光器发出的激光作为光泵激励。高能电子束激励式半导体激光器，一般也用 N 型或者 P 型半导体单晶（如 PbS、CdS、ZhO 等）作工作物质，通过由外部注入高能电子束进行激励。在半导体激光器中，目前性能较好、应用较广的是具有双异质结构的电注入式 GaAs 二极管激光器。

7）染料激光器

染料激光器的突出优点是输出波长可调谐，它不仅可以获得 0.3～1.3μm 光谱内的可调谐的窄带高功率激光，而且可以通过混频技术获得从紫外光到中红外光区域的可调谐相干光，因此目前主要用于光谱学研究。

8）光纤激光器

光纤激光器以光纤作为导波介质，具有以下优点：耦合效率高，形成的激光束功率高、密度高；散热性好，不需要庞大的冷却系统，因此体积小；能量转换效率高，光束质量好，波长可选择和调谐等。

该系列激光器融合了半导体及光纤激光器这两种当前较为先进、应用最为广泛的激光技术，它的光电转换效率可以达到 30％以上，功率范围大，且始终保持着很高的光束质量，广泛应用于各种尖端制造行业。

该激光器具备两种直径的操作光纤，可配合多台机器使用。激光束模式分为基模和多模两种，基模的光束能量分布展现为高斯分布，适用于激光切割、打孔；多模的光束能量分布均匀，适用于激光熔覆成型和表面处理。

9）自由电子激光器

自由电子激光器输出的激光波长与电子的能量有关，故改变电子束的加速电压就可以改变激光波长，这叫作电压调谐，其调谐范围很大，原则上可以在任意波长上运转。

在现有的电子枪和加速器的实验条件下，可以获得从毫米波到光频波段范围内的连续调谐的相干辐射。自由电子激光器的输出功率与电子束的能量、电流密度及磁感应强度有关，它有望成为一种高平均功率、高效率（理论极限达 40％）、高分辨率的具有稳定功率和频率输出的激光器件，采用它能够避免某些工艺上的麻烦（如激光工作物质稀缺、有毒或腐蚀金属、玻璃），另外，它基本上不存在使用寿命问题。自由电子激光器在短波长、大功率、高效率和波长可调节这四大主攻方向上，为激光学科的研究开辟了一条新途径，它可用于对凝聚态物理学、材料特征、激光武器、激光反导弹、雷达、激光聚变、等离子体诊断、表面特性、非线性及瞬态现象的研究，在通信、激光推进器、光谱学、激光分子化学、光化学、同位素分离、遥感等领域的应用前景也很可观。美国机载激光武器系统所使用的就是高能化学碘氧自由电子激光器（COIL）。

10）二极管泵浦固体激光器

二极管激光器和二极管泵浦固体激光器现已成为固体激光器发展的主流，合并转换效率高、稳定性好、可靠性高，具有输出质量高、体积小、结构紧凑等特点。二极管泵浦固体激光器的关键技术：光耦合技术、泵浦技术、冷却技术及电源技术。这种激光器输出功率可以大范围变化，即从几十瓦到几千瓦，市场上商用最大的可达 6000W。

6.1.2 电弧等离子体

电弧是指中性气体电离并维持放电的现象。若使气体完全电离，则形成全部由带正电的正离子和带负电的电子所组成的电离气体，称为等离子体。

一般的焊接电弧是一种自由电弧，弧柱的截面随功率的增加而增大，电弧中的气体电离不充分，其温度被限制在 5730～7730℃。若在提高电弧功率的同时，对自由电弧进行压缩，使其横截面减小，则电弧中的电流密度会大大提高，电离度也随之增大，几乎达到全部等离子状态的电弧叫作等离子弧。

1. 电弧的压缩效应

对自由电弧进行的压缩作用称为压缩效应。压缩效应有如下三种形式。

1）机械压缩效应

在钨极（负极）和焊件（正极）之间加上一个高电压，使气体电离形成电弧，在弧柱通过特殊孔型的喷嘴的同时，又施以一定压力的工作气体，强迫弧柱通过细孔，由于弧柱受到机械压缩使横截面积缩小，故称为机械压缩效应。

2）热收缩效应

当电弧通过喷嘴时，在电弧的外围不断送入高速冷却气流（氮气或氢气等）使弧柱外围受到强烈冷却，电离度大大降低，迫使电弧电流只能从弧柱中心通过，导致导电截面进一步缩小，这时电弧的电流密度大大提高，这就是热收缩效应。

3）磁收缩效应

由于电流方向相同，在电流自身产生的电磁力作用下，电弧彼此互相吸引，将产生一个从弧柱四周向中心压缩的力，使弧柱直径进一步缩小。这种因导体自身磁场作用产生的压缩作用叫"磁收缩效应"。电弧电流越大，磁收缩效应越强。

自由电弧在上述三种效应作用下被压缩得很细，在高度电离和高温条件下，电弧逐渐形成稳定的等离子弧。

2. 电弧的分类

等离子弧按导电方式可分为非转移弧、转移弧和联合弧 3 种。它们的区别：非转移弧电源正极接喷嘴，而转移弧电源正极接工件（一般先按非转移弧接线产生等离子弧后再过渡到转移弧），联合弧电源正极同时接喷嘴和工件。这 3 种方式一般都使用具有直流陡降外特性的电源。空载电压高低与使用的气体有关，若使用氩时，则空载电压为 65～100V，而使用氮或氢时，空载电压为 250～400V。

1）非转移弧

电极接负极、喷嘴接正极产生的等离子弧称为非转移弧，用于焊接或切割较薄的材料。非转移弧温度最高可达 18000℃，主要用于工件表面喷涂耐高温、耐磨损、耐腐蚀的高熔点金属或非金属涂层，也可以切割薄板金属材料，还可以作为金属表面热处理的热源。混合型弧主要用于微束等离子弧焊接和粉末堆焊。

2）转移弧

电极接负极、焊件接正极产生的等离子弧称为转移弧，适用于焊接、堆焊或切割较厚的材料。转移弧温度高（10000～52000℃），有效热利用率高，主要用于切割、焊接（如等离子弧焊）和熔炼金属。切割的金属有铜、铝及其合金、不锈钢、各种合金钢、低碳钢、铸铁、钼和钨等。

3）联合弧

电极接负极、喷嘴和焊件同时接正极，非转移弧和转移弧同时存在，称为联合弧，适用于微弧等离子焊接和粉末材料的喷焊。其广泛用于工业生产，特别是航空航天等军工和尖端工业技术所用的铜及铜合金、钛及钛合金、合金钢、不锈钢、钼等金属的焊接，如钛合金的导弹壳体、飞机上的一些薄壁容器等。

6.1.3 电子束

电子经过汇集成束，具有高能量密度。它利用电子枪中阴极所产生的电子在阴阳极间的高压（25～300kV）加速电场作用下被加速至很高的速度（0.3～0.7 倍光速），经透镜会聚作用后，形成密集的高速电子流。

电子束加工（Electron Beam Machining，EBM）：在真空条件下，利用电子枪中产生的电子经加速、聚焦后成为能量密度极高、极细的束流，高速（光速的 60%～70%）冲击到工件表面，并在极短的时间内，将电子的动能大部分转换为热能，形成"小孔"效应，使工件被冲击部位的材料达到几千摄氏度，致使材料局部熔化或蒸发，达到焊接目的。

作为制备与加工难熔金属的核心技术之一，电子束加工技术已在高温合金的成型制造与精炼、高温合金的焊接、表面改性及涂层制备等领域得到了广泛应用，并将不断涉足航空航天、国防军工及核工业等各个领域。此外，随着对高温合金使用性能要求的不断提高及新型高温合金的开发，电子束加工技术在高温合金中的应用也面临着新的挑战，因此需要不断开发电子束加工技术的新方法与新工艺，如将计算模拟的方法与电子束加工技术相结合能有效指导材料的制备与加工，此外，电子束加工技术的应用可实现对材料制备与加工过程的精确控制，在降低劳动强度的同时提高材料的使用性能。电子束加工技术与高温合金的发展相互促进，电子束加工技术在高温合金中的应用也必然朝着高效率、低成本、低能耗的方向发展。此外，电子束加工技术的应用在大幅度提高高温合金的使用性能的同时，使得超高熔点合金的制备与加工成为可能。电子束加工技术与高温合金的开发紧密结合，不断发展，在高温合金中的应用领域将不断拓宽，应用前景值得期待。

6.2 激光近净成型技术

激光近净成型技术是一种迅猛发展的数字化离散堆积增材制造技术，是一种以激光为能量源，采取预铺粉或同轴送粉的方式，在基体上逐层熔覆材料粉末，从而得到立体金属工件的新型制造技术。

激光近净成型技术结合了激光熔覆技术和快速成型技术的优势，可以对传统工业中难以加工的复杂零件直接成型。此外，激光近净成型技术对工件的热输入少、基材的畸变较小，成型工件的层与层之间为冶金结合，工件整体强度较高、组织致密，微观缺陷小。

激光近净成型技术主要应用于航空航天、汽车、船舶等领域，用于制造或修复航空发动机和重型燃气轮机的叶轮、叶片，以及轻量化的汽车零部件等。激光近净成型技术可以制备单晶、梯度材料等零件，也可以实现对磨损或破损的叶片进行修复和再制造，从而大大降低叶片的制造成本，提高生产效率。

激光近净成型技术是由许多大学和机构分别独立进行研究的，因此这一技术的名称繁多。激光近净成型技术也叫激光熔化沉积（Laser Metal Deposition，LMD）技术，美国密歇根大学称其为直接金属沉积（Direct Metal Deposition，DMD）技术，英国伯明翰大学称其为直接激光成型（Directed Laser Fabrication，DLF）技术，中国西北工业大学黄卫东教授称其为激光快速成型（Laser Rapid Forming，LRF）技术。美国材料与试验协会（ASTM）标准中将该技术统一规范为直接能量沉积（Directed Energy Deposition，DED）制造技术的一部分。

6.2.1 基本原理及特点

1. 基本原理

激光近净成型技术采用激光和粉末输送同时工作原理，计算机将零件的三维 CAD 模型分层切片，得到零件的二维平面轮廓数据，这些数据又转化为数控工作台的运动轨迹，同时，金属粉末以一定的供粉速度送入激光聚焦区域内，快速熔化凝固，激光近净成型技术可实现金属零件的无模制造，节约大量成本。金属粉末从粉头的喷嘴喷射到激光焦点的位置形成熔化堆积过程。它的最大特点是制作的零件密度高、性能好，可作为结构零件使用。

2. 激光近净成型技术的优势和技术限制

激光近净成型技术是无须后处理的金属直接成型方法，成型得到的零件组织致密，力学性能很高，并可实现非均质和梯度材料零件的制造。该技术解决了复杂曲面零部件在传统制造工艺中存在的切削加工困难、材料去除量大、刀具磨损严重等一系列问题。

激光近净成型技术也遇到了一些瓶颈，包括粉末材料利用率较低、成型过程中热应力大、成型件容易开裂、成型件的精度较低，这些问题可能会影响零件的质量和力学性能。由于受到激光光斑大小和工作台运动精度等因素的限制，所直接制造的功能件的尺寸精度和表面粗糙度较差，往往需要后续的机加工才能满足使用要求。

6.2.2 成型系统与设备

激光近净成型系统可以分为硬件和软件两大部分。激光近净成型系统如图 6-1 所示。硬件系统主要包括激光器、数控系统、送粉系统和辅助装置（冷却、供气、检测、保护装置等），软件系统主要由造型软件、数据检验与处理软件、监控系统软件组成。

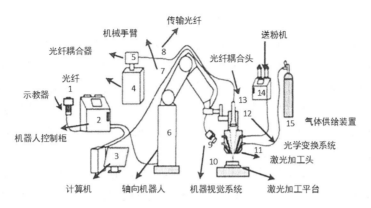

图6-1 激光近净成型系统

1. 数控系统

数控系统是激光近净成型技术的必备部分，数控加工工作台依据 NC 代码相对激光束运动，使加工材料在工作台上逐步堆积成型。机床灵敏性、稳定性和运动精度会直接影响零件加工精度，通常，机床轨迹误差应控制在 0.05～0.1mm。原则上，成型一个目标零件仅需要 X、Y、Z 三轴坐标数控系统即可实现，但为加工满足形状、性能要求的任意复杂空间工件，还需要添加坐标轴在其垂直平面旋转及坐标平面在其垂直轴方向摆动的功能，实现五轴联动。

2. 送粉系统

送粉系统性能直接影响成型零件的成型精度和性能，是激光近净成型系统至关重要的组成部分。通常，送粉系统由送粉器、粉末传输通道和喷嘴三部分构成。

1）送粉器

送粉器是送粉系统的基础，为保证成型质量，要求送粉器输送的粉末流连续均匀。送粉器按照送粉动力可分为重力、气动和机械三种，粉末输送动力不同造成送粉器性能各不相同，如重力型送粉器粉末利用率较高但对粉末流动性要求较高；机械型送粉器粉末流均匀性较高但粉末易堵塞，送粉稳定性较差；气动型送粉器粉末流分散均匀，流动性很好，能实现长距离输送、混合粉末输送，送粉稳定性高，是目前世界上激光成型和熔覆系统的主流送粉器。

2）喷嘴

喷嘴结构直接影响粉末流与激光束的相对位置，对粉末利用率、成型质量十分重要。送粉系统如图6-2所示，按喷嘴的工作方式主要分为两种：侧向送粉和同轴送粉。

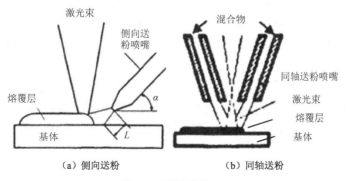

（a）侧向送粉　　　　　（b）同轴送粉

图6-2 送粉系统

（1）侧向送粉。

喷嘴轴线与激光束轴线之间存在一定角度，粉末流出口与激光束出口具有一定距离，以防止粉末在喷嘴内部被激光束过早熔化而使喷嘴被堵塞。同时，调整喷嘴与激光束轴线间夹角的大小可以控制粉末输送速度，粉末流约束和定位简单易操作。但由于粉末流落点位于激光束一侧，限制了激光加工过程扫描方向的变化，无法实现任意方向上熔覆层的直接制备；而且由于熔池附近区域无法形成稳定惰性保护气氛，成型过程中材料容易被氧化。

（2）同轴送粉。

喷嘴与激光束同轴，粉末流经分粉器汇聚进入聚焦激光束，粉末流沿激光束呈环形对称分布。这就使激光近净成型实验能够根据加工轨迹任意选取扫描方向，实现复杂形状零件快速制备。同时，惰性气体在熔池附近形成保护性气氛，解决了成型过程中的材料氧化问题；同轴送粉方式中粉末与激光束交互作用使粉末提前熔化或预热达到一定温度，从而降低由于冷热叠加而产生的应力，提高成型零件质量。

3．辅助装置

1）冷却装置

为避免激光器光学元件在加工过程中因吸收部分入射光导致温度升高，进而发生热变形甚至被烧坏，激光近净成型系统需要冷却装置来降低光学元件温度，以保护设备、延长激光器使用寿命。

2）气氛控制系统

激光加工过程温度高，材料在大气中直接成型容易发生氧化现象，影响成型质量。因此，加工过程需要在成型区域形成保护气氛。通常，保护气体选取氮气、氩气等惰性气体。

3）监测与反馈控制系统

对成型过程中的熔池形貌、成型温度、熔覆层形状尺寸、激光功率、送粉气流及压力等因素进行实时监测，并根据监测结果对成型过程工艺参数进行反馈控制，在保证成型工艺稳定性的同时提高成型精度、改善成型质量。

6.2.3　成型工艺及分析

激光近净成型技术的具体操作流程：首先需要通过计算机建立所需零件对应的 CAD 模型文件，然后利用 STL、CLI 格式文件对 CAD 模型实施分层处理，得到分层文件。

所有层均规划出扫描路线，配合接口程序，通过分层文件获得能够使操作台运行的数控程序，当操作台启动后，熔覆粉末利用送粉设备抵达激光束处理范围，同时抵达激光产生的熔池。

激光束开始进行扫描活动，根据扫描路线进行熔覆，得到熔覆层，激光束沿着垂直方向抬升一定的高度，在前一层的基础上叠加形成后续的熔覆层，保证每层与之前的一层能够充分熔化结合在一起，如此循环直到整个零件制造完成。

6.3 电弧熔丝增材制造技术

6.3.1 基本原理及特点

电弧熔丝增材制造（Wire Arc Additive Manufacturing，WAAM）技术是一种利用逐层熔覆原理，采用熔化极惰性气体保护焊接（MIG）、钨极惰性气体保护焊接（TIG）及等离子体焊接电源（PA）等焊机产生的电弧为热源，通过丝材的添加，在程序的控制下，根据三维数字模型由线—面—体逐渐成型金属零件的先进数字化制造技术。

WAAM 技术不仅具有沉积效率高、丝材利用率高、整体制造周期短、成本低、对零件尺寸限制少、易于修复零件等优点，还具有原位复合制造及成型大尺寸零件的能力。

欧洲空中客车公司、加拿大庞巴迪宇航系统公司、英国洛克希德·马丁公司、欧洲导弹集团（MBDA）和法国航天企业阿斯特里姆公司（Astrium），均利用 WAAM 技术实现了钛合金及高强钢材料大型结构件的直接制造，大大缩短了大型结构件的研制周期。

6.3.2 成型系统与设备

1. GTAW 增材设备

非熔化极惰性气体保护焊（GTAW）作为一种常用的电弧焊接方法，由于其具有相对飞溅较小、独立控制热源和送丝系统等优点，有些研究人员也尝试采用其展开相应增材制造技术研究。

GTAW 的技术基础即填丝钨极氩弧多层多道焊，由稳定的钨极氩弧提供电弧熔化热，同时具备配合独立于焊接设备的同步不断送进的焊接材料，形成具有一定几何尺寸的致密的单层焊缝，层层堆叠，形成一定几何形状的构件。构件具有气孔少、熔池可见、熔渣少、堆焊层致密等优点，同时也存在残余应力、变形较大等缺点。

GTAW 增材制造的原理是在焊枪底部装夹一根钨极，钨极与基材间产生电弧，由试验样机带动焊枪运动并提供沉积速度 v_1，送丝嘴与焊枪通过送丝夹具呈 α 角度连接，此角度称为送丝角度。焊丝通过送丝机构提供送丝速度 v_0 并呈 α 角度被电弧熔化送入熔池之中。送丝角度可调，调节范围是 $30°\sim75°$。GTAW 增材设备结构示意图如图 6-3 所示。

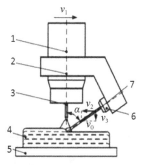

1—焊枪；2—送丝夹具；3—钨极；4—沉积层；5—基材；6—送丝嘴；7—焊丝

图 6-3 GTAW 增材设备结构示意图

2. 熔化极气体保护电弧焊接增材设备

熔化极气体保护电弧焊接增材制造技术是直接成型低成本复杂金属零部件的主要方法之一。图 6-4 所示为熔化极气体保护电弧焊接增材制造设备示意图。熔化极气体保护电弧焊接增材制造技术是以熔化极气体保护焊为热源的增材制造方法，与 TIG 堆焊相比，不需要钨极，具有热量集中、堆焊层组织性能好、热输入小等优点。

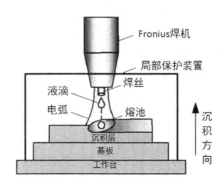

图 6-4 熔化极气体保护电弧焊接增材制造设备示意图

3. PAW 增材制造系统

等离子弧焊（PAW）增材制造系统由等离子弧焊过程控制系统、焊接电源、送丝机、水冷循环系统、三维运动控制系统及其工作台组成。等离子弧焊增材制造系统工作原理如图 6-5 所示。

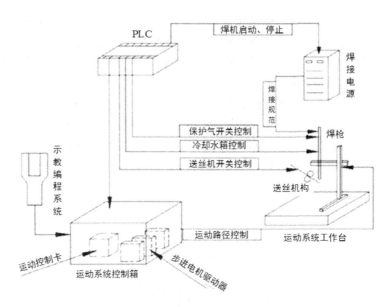

图 6-5 等离子弧焊增材制造系统工作原理

等离子弧焊增材制造系统的工作原理：等离子弧焊增材制造技术，采用等离子弧焊热源熔化金属基体（或前层熔积金属）和金属填充材料，由计算机控制三维运动机构和变位机，控制等离子弧沿预先设定的层积路径进行运动轨迹扫描，形成移动的金属熔池，每完成一层熔覆，焊枪根据每层的熔覆厚度上升一定距离，熔融金属经过逐层熔覆形成所需的金属零件。

4．CMT 增材设备

CMT 技术即冷金属过渡技术，采用热—冷—热的方式，在熔滴过渡时减小焊接电流。CMT 的熔滴过渡示意图如图 6-6 所示。该技术可以实现无焊渣飞溅，而且具有焊接过程中热输入量小、电弧更加稳定等优点。CMT 技术通过将熔滴过渡和送丝运动数字化协调，可实现数控方式下的短电弧和焊丝的换向送丝监控，控制送丝机构按照送丝控制系统的指令以 70Hz 的频率控制着脉冲式的焊丝输送，同时调控电源输出波形。当熔滴与熔池发生短路时，熔滴在无电流的状态下过渡。熔滴过渡时电弧熄灭，焊接电流几乎为 0，从而大大降低焊接热输入。

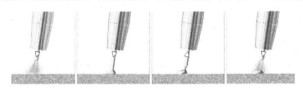

图 6-6　CMT 的熔滴过渡示意图

英国克兰菲尔德大学的 P.M.Sequeira Almeida 等人在沉积 Ti-6Al-4V 时，利用 CMT 技术实现了低热量输入和无飞溅堆焊，并且创新性地开发了一个焊缝过程预测模型，显著地改善了成型效果。从保强等人研究了不同的 CMT 技术对 Al-6.3Cu 气孔形成率的影响，研究发现，CMT-PADV 技术能够有效降低气孔形成率。以上学者均是通过改变焊接参数来研究 CMT 技术堆焊得到的铝合金的组织性能，而北京工业大学的陈树君在利用 CMT 技术堆焊铝合金时，引入了 KUKA 机器人，通过其中的编程软件实现复杂铝合金零件的制造。

6.3.3　成型工艺及分析

在电弧熔丝增材制造过程中，成型件是由焊缝经过多层、多道等一系列堆焊过程自底向上堆积而成的，所以研究焊缝的成型工艺是电弧熔丝增材制造技术的基础。

（1）送丝速度、焊接速度及基板预热温度都会影响焊缝的成型尺寸。

（2）进行单道多层和多道多层堆焊，采用往复堆焊得到的堆焊件可以有效地改善采用单向堆焊时出现的起弧隆起和熄弧下塌等缺陷，堆焊件尺寸精度较好。

（3）在相同焊接工艺参数下，层间温度的升高会导致堆焊件表面成型质量变差。

6.4　电弧喷涂制造技术

6.4.1　基本原理及特点

电弧喷涂制造技术的基本原理：将两根被喷涂的金属丝作为自耗性电极，利用其端部产生的电弧作为热源来熔化金属丝材，用压缩空气穿过电弧和熔化的液滴使之雾化，并以一定的速度喷向基体（零件）表面而形成连续的涂层。电弧喷涂制造技术的原理图如图 6-7 所示。

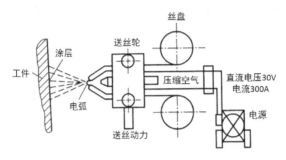

图 6-7　电弧喷涂制造技术的原理图

电弧喷涂时，送丝装置将两根丝状金属喷涂材料通过送丝轮均匀、连续地分别送进电弧喷涂枪中的两个导电嘴内，两个导电嘴分别接电源的正负极，并保证两根丝之间在未接触之前的可靠绝缘。当两金属丝材端部由于送进而相互接触时，在两端之间出现短路并产生电弧，使丝材端部瞬间熔化，压缩空气把熔融金属雾化成熔滴，熔滴以很高的速度喷射到工件表面，形成电弧喷涂层。

在喷涂过程中，由于电弧的作用，两电极丝的端部频繁地产生金属熔化—熔化金属脱离—熔滴雾化成微粒的过程。金属丝端部熔化过程中，极间距离频繁地发生变化，在电源电压保持恒定时，由于电流具有自我调节特性，电弧电流频繁地波动，自动维持金属丝的熔化速度，电弧电流亦随着送丝速度的增加而增加。

电弧喷涂制造技术可以应用于长效防腐蚀涂层、机械零件修复、快速制作模具等场景。电弧喷涂制造技术具有制模时间短、成本低、复型性好等优点。目前用于模具制造的多是锌、铝及其合金。利用电弧喷涂制造技术可以喷制用于生产聚氨酯、聚乙酯、PVC、ABS、玻璃纤维等大型复合材料的合金模具。

6.4.2　成型系统与设备

电弧喷涂系统一般由电源、送丝系统、电弧喷枪和压缩空气组成。

1．电源

电弧喷涂系统的电源通常采用变压器-整流器式直流电源，以硅二极管作整流器元件，称作硅整流电源。硅整流电源结构简单，坚固耐用，噪声小，维修方便。硅整流电源属于平特性电源，具有良好的弧长自调节作用，当电弧长度受到外界因素影响而变动时，电源会产生很大的电流变化值，丝材的熔化速度随之有较大变化，促使电弧迅速恢复到原来的弧长。电弧的自调节作用能使其保持一定的弧长，维持电弧稳定燃烧。这对于控制雾化金属的粒子尺寸及金属的烧损率、稳定涂层质量十分重要。此外，平特性电源的短路电流较大，引弧容易，还具有防止电弧回烧导电嘴的保护作用。

2．送丝系统

送丝系统通常由送丝机构、送丝软管、丝盘等组成，送丝机构还包括直流伺服电机、减速器、送丝主动轮、送丝轮、压丝轮等。送丝系统的作用是将两根相互绝缘的金属丝稳定且自动地送入电弧区。丝盘上的金属丝经过安装在减速器输出轴上的送丝主动轮驱动送丝轮，使金属丝进入送丝软管及喷枪内的导电嘴。这种送丝系统是专门为推丝式喷枪设计的。由于送丝系统工作是否可靠关系到电弧喷涂工作的生产率和涂层质量，所以，要求送丝系统具有优良的驱动性能及较小的送丝阻力。

3．电弧喷枪

电弧喷枪分为手持式和固定式（机卡式）两种。手持式喷枪操作灵便，万能性强；固定式喷枪通常用于喷涂生产线或对涂层均匀性要求很高的工作，如轴类修复、较薄涂层等。电弧喷枪由壳体、导电嘴、喷嘴、雾化风帽、遮弧罩等组成。喷枪要完成金属丝材的准确对中、维持电弧稳定燃烧、熔化丝材及雾化喷射等功能。喷枪中的导电嘴与喷嘴是关键零件，直接影响喷涂层的质量及喷涂过程的稳定性。金属丝材在导电嘴中既要导电，又要减少送丝阻力，这就要求导电嘴要有合适的孔径及长度。孔径过小，送丝阻力大；孔径过大，导电性能不稳定，丝材对中的性能也差，甚至在导电嘴内引发电弧，产生黏连现象。

6.4.3　成型工艺及分析

目前，用于模具制造的材料常采用 Zn、Al 等低熔点金属。另外，镍铬合金被大量用作耐腐蚀及耐高温喷涂层。钼在喷涂中常作为黏结底层材料使用。电弧喷涂制造技术的工艺主要包括：模型准备，在模型上喷涂金属预处理，制作模具框架，浇注模具的填充材料，脱模，后序加工处理。

电弧喷涂制造技术的主要工艺参数有电弧功率、喷涂距离、喷涂角度、熔丝电压和送丝电压、喷涂电流和喷涂气压等。

1．电弧功率

电弧功率是由电源电压所决定的，它是影响模具型腔质量的主要因素。

功率过小，起弧困难，易断弧，金属丝材熔化不良，会降低涂层的结合强度；功率过大，电弧过于剧烈，金属丝过热，温度过高，降低了结合强度，还可能导致金属熔滴气化蒸发。

2．喷涂距离

喷涂距离是指喷涂制模时，喷枪嘴到模型之间的距离。喷涂距离直接影响喷涂层的质量。距离过大，冲击到模型表面上的金属微粒的温度和速度都将下降，动能减小，塑性变差，镀层组织疏松，强度降低，沉积效率下降；距离过小，喷涂温度升高，模具型腔容易产生热变形，影响模具精度。

3．喷涂角度

喷涂角度是指电弧喷涂成型时喷嘴气流轴线与被喷模型之间的夹角。此夹角以垂直于模型表面为最好，特殊情况下不应小于 40°，否则会产生"遮蔽效应"，即有些细节部分不能被喷涂到。

6.5　电子束自由成型制造技术

6.5.1　基本原理及特点

电子束自由成型制造技术，该技术起初由美国 NASA 兰利研究中心开发，其合同商 Sciaky 是当前该工艺开发方面的领先公司，目前已经加入 DARPA "创新金属加工——直接数字化沉积（CIMP-3D）"中心的研究。该技术的研究主要用于航空航天领域。电子束自由成型制造技术又称电子束熔丝沉积快速制造技术，是近年来发展起来的一种新型增材制造技术。

电子束熔丝沉积快速制造技术的基本原理：利用真空环境的高能电子束流作为热源，直接作用于工件表面，在前一沉积层或基材上形成熔池。送丝系统将丝材从侧面送入，丝材受电子束加热融化，形成熔滴。随着工作台的移动，熔滴沿着一定的路径逐滴沉积进入熔池，熔滴之间紧密相连，从而形成新的沉积层，层层堆积，直至零件完全按照设计的形状成型，最终形成金属零件或毛坯。

电子束熔丝沉积快速制造技术采用丝材替代粉末为原材料避免了吹粉问题。该技术有成型速度快、材料利用率高、无反射、能量转化率高等特点，成型环境为真空，特别利于大中型钛合金、铝合金等高活性金属零件的成型制造，但该技术精度较差，需要进行后续表面加工。电子束熔丝沉积快速制造技术的原理图如图 6-8 所示。

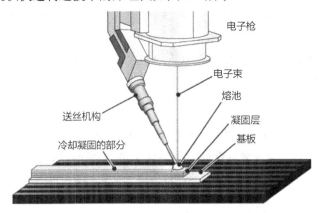

图 6-8　电子束熔丝沉积快速制造技术的原理图

6.5.2　成型系统与设备

实现电子束熔丝沉积快速制造技术的设备一般由电子枪、高压电源、真空系统、观察系统、三维工作台、含三轴对准装置的送丝系统及综合控制系统组成。电子束熔丝沉积快速制造设备示意图如图 6-9 所示。

电子束熔丝沉积快速制造技术的加工过程需要各系统的协调工作，真空系统负责形成加工过程所需的真空环境，电子枪负责产生作为热源的高能电子束流，送丝系统负责将丝材从侧面送入以进行材料的熔融，形成熔滴，三维工作台与综合控制系统及上述各系统相互配合，实现沉积层的逐层稳定堆积，最终制造出产品。

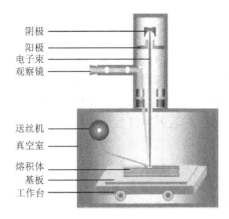

阴极
阳极
电子束
观察镜

送丝机
真空室
熔积体
基板
工作台

图 6-9　电子束熔丝沉积快速制造设备示意图

6.5.3　成型工艺及分析

电子束熔丝沉积快速制造技术的成型工艺流程主要为以下几个步骤。

（1）建模。利用 3D 建模软件，建立 CAD 三维模型。

（2）切片。使用专用的切片软件，对上述建立的 CAD 三维模型进行分层切片，获得切片数据。

（3）逐层沉积。应用上述获得的 CAD 三维模型切片数据，规划好层厚、行走路径、行走速度、送丝速度等参数，进行逐层沉积。

（4）近净成型。将电子束发生器作为能量源，在真空环境下通过电子束融化金属丝材，在工件表面形成熔池，随着熔池在工件表面的移动，离开热源的熔池快速冷却结晶固化，达到零件"近净成型"形态。

（5）热加工处理。将工件进行热加工处理以消除工件内部的扭曲应力。

（6）最终部件。工件通过数控机床进行精加工及表面抛光，获得最终部件。

6.6　等离子熔覆制造技术

6.6.1　基本原理

在等离子喷焊过程中，一般需要有两台彼此独立的电源，两台电源的负极并联接到喷枪钨极。其中一台电源用于产生非转移弧，电源正极接到喷嘴；另一台电源正极连接到工件，用于在钨极与工件之间产生转移弧。在喷焊过程中整体温度很高，所以在喷嘴和钨极之间需要通以冷却水。产生的等离子弧以氩气作为离子气。

喷焊过程首先是点燃非转移弧，然后由非转移弧引燃转移弧，非转移弧使用高频火花点燃；转移弧引燃后，送粉器开始向喷嘴输送粉末，一般也会以氩气作为送粉气加速粉末的输送，粉末通过高温的等离子转移弧喷射到工件表面，转移弧的高温也使工件表面上形成了等离子熔覆层。

6.6.2 工艺特点

（1）喷焊熔覆合金层与工件基体呈冶金结合态，结合强度高。

（2）喷焊熔覆速度快，稀释率低；等离子弧堆焊的稀释率可控制在 5%～10%，或更低。

（3）喷焊层组织致密，成型美观；堆焊过程易实现机械化、自动化。

（4）可在锈蚀及油污的金属零件表面不经复杂的前处理工艺，直接进行等离子喷焊。

（5）与其他等离子喷焊相比设备构造简单，节能易操作，维修维护容易。

（6）等离子弧温度高，能量集中，稳定性好，在工件上引起的残余应力和变形小。

（7）可控性好。可以通过改变功率、改变气体的种类、流量及喷嘴的结构尺寸来调节等离子弧的气氛、温度等电弧参数，从而实现高效自动化生产，提高劳动生产率。

6.6.3 工程应用

等离子弧喷焊机可广泛地用于石油、化工、工程机械、矿山机械、工业机械（螺杆、螺旋、轴辊等）、阀门等行业，如各类阀门密封面（常规的碟阀、球阀、闸阀、截止阀、止回阀、安全阀等）的耐磨喷焊，以及石油钻杆、轴承、轴、轧辊的磨损后的修复等，其应用前景非常广阔。

☿ 第 7 章 ☿

三维喷射打印技术

7.1 喷墨式 3D 打印技术

喷墨式 3D 打印技术是数字印刷技术的一种，它是一种特殊的无压力、无印版、非接触式的半色调印刷方式。其工作流程是先将计算机存储的图文信息输入喷墨打印机中，再通过特殊的装置，在计算机的控制下，利用喷嘴向承印物表面喷射墨滴，借助电荷效应在承印物的表面直接成像，形成最终的印刷品。

按需喷墨是指随机式喷墨系统中的墨水只在打印需要时才喷射，所以又称为按需式喷墨打印技术。按需式喷墨打印技术主要有微压电式和热气泡式两大类。按需式喷墨打印技术通过控制电子信号来控制是否产生墨滴。当喷印信息传递至输出终端时，如果需要墨滴，那么就进行墨滴的喷射，使得承印物表面形成图文信息，相对于连续喷墨系统中的墨滴带电装置、偏转硬件等更加简单。它与连续喷墨打印技术相比，结构简单，成本低，可靠性也高，但是，因受射流惯性的影响墨滴喷射速度慢。

7.1.1 连续喷墨打印技术

在 20 世纪 60 年代，Sweet 通过向喷嘴施加一定的压力波将墨流击碎为细小而均匀的墨滴，在此基础上，Sweet 提出了连续喷墨打印技术的工作原理。在 20 世纪 70 年代，IBM 开始将连续喷墨打印技术用于计算机打印系统中，接着 IBM 4640 连续喷墨打印机问世并逐渐获得了广泛的应用。

在这种打印技术中，墨滴首先通过一个充电的静电电极，使部分墨滴被充上静电，然后当墨滴流通过携带相反电荷的高压电极板时，在电场的作用下，携带电荷的墨滴将发生弯曲运动（Deflection）并打印到基质上，形成图像。而没有携带电荷的墨滴受外加电场的影响微弱，没有发生弯曲飞行而被回收。图 7-1 所示为已充电墨滴和雏形墨滴的等价电荷转换图。

根据墨滴充电和弯曲技术的不同，连续喷墨打印技术可分为双重和多重弯曲系统。在双重弯曲系统中，墨滴被充电携带一定量的电荷或者不携带电荷；在多重弯曲系统中，墨滴可以携带不同电量的电荷，在飞行过程中发生不同程度的弯曲，因而用单一喷嘴就可以打印一定二维尺寸的图像。

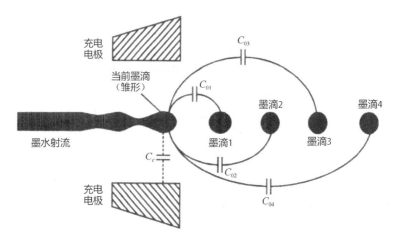

图 7-1 已充电墨滴和锥形墨滴的等价电荷转换图

7.1.2 热气泡喷墨打印技术

从目前市场上来看，惠普、Canon 和 Lexmark 公司采用的是热气泡喷墨打印技术。其中惠普公司称其喷墨技术为"热敏式"，而 Canon 公司称其喷墨技术为"气泡式"。实际上这两种技术的基本原理是相同的，都是热气泡喷墨打印技术的再发展。

热气泡喷墨打印技术就是通过加热喷嘴，使墨水产生气泡，喷到打印介质上，属于高温高压打印技术。其工作原理：利用薄膜电阻器，在墨水喷出区中将小于 5pL 的墨水瞬间加热至 300℃ 以上，形成无数微小气泡，气泡以极短的时间（小于 10μs）聚为大气泡并扩展，迫使墨滴从喷嘴喷出。气泡再继续成长数微秒，便消逝回到电阻器上。气泡消逝，喷嘴的墨水便缩回。接着表面张力会产生吸力，拉引新的墨水补充到墨水喷出区准备下一次的循环喷印。

采用热气泡喷墨打印技术的墨头长期在高温、高压环境中工作，除喷嘴腐蚀严重外，同时容易引起墨滴飞溅与喷嘴堵塞等问题。在打印品质方面，由于在使用过程中要加热墨水，而高温下墨水很容易发生化学变化，性质不稳定，色彩真实性就会受到一定程度的影响；另外，由于墨水就是通过气泡喷出的，墨水微粒的方向性与体积大小不好掌握，打印线条边缘容易参差不齐，在一定程度上影响了打印质量。

7.1.3 微压电喷墨打印技术

1. 基本原理

微压电喷墨打印技术属于常温常压打印技术，就是将许多微小的压电陶瓷放置到打印头喷嘴附近，压电陶瓷在两端电压变化作用下具有弯曲形变的特性，当图像信息电压加到压电陶瓷上时，压电陶瓷的伸缩振动变形将随着图像信息电压的变化而变化，并使墨头中的墨水在常温常压的稳定状态下均匀准确地喷出墨水。微压电喷墨打印技术原理如图 7-2 所示。

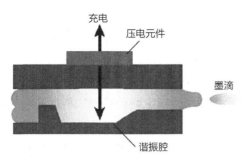

图 7-2　微压电喷墨打印技术原理

2．成型设备

3D Systems 多点喷射打印系统主要包括打印喷头、提取电极、衬底、高压脉冲电源、X-Y 位移台、Z 向位移台、背压控制单元、材料供给单元等功能模块。图 7-3 所示为 3D Systems 多点喷射打印的总体结构示意图。

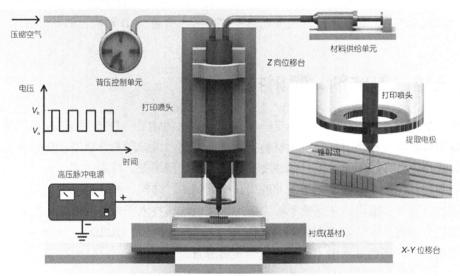

图 7-3　3D Systems 多点喷射打印的总体结构示意图

3．工艺过程

（1）一旦提取电极与衬底间形成稳定的电场，在背压作用下被挤压到喷嘴尖端位置的液体就将受到电场的影响，液体被极化，并导致正电荷聚集在表面。

（2）在电场力、表面张力、黏滞力和气体背压等的综合作用下弯液面被逐渐拉长（主要作用力是切向电场力），形成泰勒锥。

（3）当在单个脉冲电压作用下，电场力克服液体表面张力等阻力后，带正电荷的液体从泰勒锥顶部喷射，形成极细的锥射流（射流直径通常比喷嘴尺寸小 1～2 个数量级）。

（4）脉冲电压结束后，电场消失，锥射流停止喷射，已喷射出来的液体在液体表面张力作用下聚集形成极小的微液滴。

（5）结合位移台的运动（或者打印喷头的运动），实现微液滴在衬底上的精准沉积。

4．特点

（1）微压电喷墨打印技术适用于导电和非导电喷嘴，突破了传统电喷印必须使用导电喷嘴的限制。

（2）微压电喷墨打印技术适用于导电和非导电（甚至绝缘）衬底。

（3）微压电喷墨打印技术突破了传统电喷印打印成型件高度的限制，真正能够实现宏/微跨尺度制造。

（4）可供打印材料广泛，尤其能够实现细胞和生物活性组织材料的打印（电喷印导电喷嘴直接连接高压电源，一些生物活性材料等的打印受到限制）；用于陶瓷压电式喷印的墨水，有较大的黏度及张力适应范围，且具有溶解特性与速干特性。因此微压电喷墨打印技术弥补了热气泡喷墨打印技术的不足，有着更为广泛的应用空间。

（5）微压电喷墨打印过程中的电场稳定性好，确保了打印过程的稳定性和可靠性。

（6）喷嘴位于提取电极下方，有利于缩短喷嘴与目标打印位置的距离，减小射流分散对打印精度的影响，并且能显著减少卫星液滴的产生，提高打印的精度和稳定性。

（7）微压电喷墨打印技术能够实现在非平整表面、曲面、3D 结构上的共形打印。

7.2　三维（黏结剂）喷射打印技术

三维（黏结剂）喷射打印技术是美国麻省理工学院（MIT）在 20 世纪 90 年代发明的一种快速成型技术。三维喷射打印技术材料类型选择广泛，可打印彩色模型；成型速度快；成本低，体积小；打印过程无污染且柔性度高；运行维护费用低、可靠性高。

三维喷射打印技术已经迅速在工业造型、模具制造、建筑、医学、航空航天、生物和电子电路等领域得到了应用，还有待于扩大应用领域以给该技术带来更为广阔的发展空间。例如，目前三维喷射打印技术在有机电子器件（如大面积 PLED、OLED）、半导体封装、太阳能电池的制造上，已经显示出了极具优势的发展前景。

7.2.1　基本原理

三维喷射打印技术使用的原材料主要是粉末材料，如陶瓷、金属、石膏、塑料粉末等。利用黏结剂将每一层粉末黏合到一起，通过层层叠加而成型。与普通的平面喷墨打印机类似，在黏合粉末材料的同时，加上有颜色的颜料，就可以打印出彩色的东西了。

基于三维喷射打印技术的 3D 打印机先由储存桶送出一定量的原材料粉末，粉末在加工平台上被滚筒推成薄薄一层，接着喷粉打印头在需要成型的区域喷出一种特殊的黏结剂。此时，遇到黏结剂的粉末会迅速固化黏结，而没有遇到黏结剂的粉末则仍保持松散状态。每喷完一层，加工平台就会自动下降一点，根据计算机切片的结果不断循环，直到实物完成，完成之后只需扫除松散的外层粉末便可获得所需制造的三维实物。图 7-4 所示为三维喷射打印粉末黏合成型工艺。

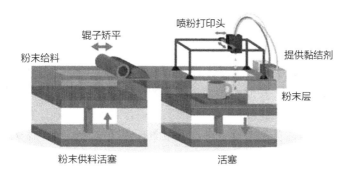

图 7-4　三维喷射打印粉末黏合成型工艺

7.2.2　成型材料与设备

1．成型材料

三维喷射打印技术的成型材料和应用领域范围极广，具体如下。

（1）模型制件应用材料：尼龙粉末、ABS 粉末、石膏粉末等。

（2）模具应用材料：各种金属粉末、陶瓷粉末、用于砂模铸造的各种砂粉、高性能尼龙等。

（3）快速制造应用材料：具有特殊性能的贵金属粉末、轻质金属粉末、高强度金属粉末、橡胶粉末、结构陶瓷粉末、功能陶瓷粉末等。

（4）医学应用领域：可以成型各类药片的压片用原粉、干细胞溶液、一些特殊功能并具有生物兼容性的结构材料粉末。

（5）微纳制造应用材料，可以成型包括各类半导体制造中使用到的常规材料，包括金、铂、铜及一些绝缘材料等。

2．成型设备

喷头是三维喷射打印设备的核心设备，喷头的性能及控制方式直接决定着三维喷射打印设备的最高性能，目前三维喷射打印设备为了控制成本多使用热气泡式或压电式商业喷头。

喷头性能需要配套的控制程序才能得到最大的发挥。当前人们开发控制程序时只针对喷头本身，而未考虑到喷头使用的液体。如果将液体参数同样考虑进喷头控制中，那么可以依据使用的不同液体，对喷头控制进行修正，则可以进一步提高喷头形成液滴的精度，有利于提高成型精度。

7.2.3　成型工艺及分析

1．前期的数据准备

在采用三维喷射打印设备制件前，必须对 CAD 模型进行数据处理。由 UG、Pro/E 等 CAD 软件生成 CAD 模型，并输出 STL 文件，必要时需采用专用软件对 STL 文件进行检查并修正错误。但此时生成的 STL 文件还不能直接用于三维喷射打印，必须采用分层软件对其进行分层。层厚大，精度低，但成型时间短；反之，层厚小，精度高，但成型时间长。分层后得到的只是一定高度的模型的外形轮廓，此时还必须对其内部进行填充，最终得到三维喷射打印数据文件。

2．模型制作

在控制系统的控制下，三维喷射打印设备的喷粉装置在平台上均匀地铺一层粉末，打印喷头负责 X 轴和 Y 轴的运动，按照模型切片得到的截面数据进行运动，有选择地进行黏结剂喷射，最终构成平面图案。在完成单个截面图案之后，打印台下降一个层厚单位的高度，同时，铺粉辊进行铺粉操作，接着进行下一次的截面打印操作。如此周而复始地送粉、铺粉和喷射黏结剂，最终完成三维成型件。

三维喷射打印技术的流程图如图 7-5 所示。具体流程：采集粉末原料→将粉末平铺到打印区域→打印喷头在模型横截面定位，喷黏结剂→送粉活塞上升一层，实体模型下降一层以继续打印→重复上述过程直至模型打印完毕。

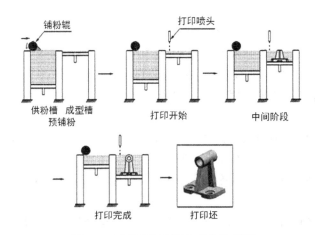

图 7-5　三维喷射打印技术的流程图

3．后处理

在模型打印完成之后，需要一些后续处理措施来达到加强模型成型强度及延长保存时间的目的，其中包括静置、强制固化、去粉、包覆等。

一般情况下，对于无特殊强度要求的模型制件，后处理通常包括加温固化及渗透定型胶水。而对于强度有特殊要求的结构功能部件及各类模具，在对黏结剂进行加热固化后，通常还要进行烧结及液相材料渗透的步骤，以提高制件的致密度，从而满足各类应用对于强度的要求。

因此，在打印过程结束之后，需要将打印的模型静置一段时间，使得成型的粉末和黏结剂之间通过交联反应、分子间作用力等作用完全固化，尤其是对于以石膏或水泥为主要成分的粉末。成型的首要条件是粉末与水之间的硬化作用，之后才是黏结剂部分的加强作用，一定时间的静置对最后的成型效果有重要影响。当模型有初步硬度时，可根据不同类别用外加措施进一步强化模型，如通过加热焙烧、真空干燥、紫外光照射等方式。此工序完成之后所制备模型具备较强的硬度，要将表面其他粉末除去，可以用刷子将周围大部分粉末除去，剩余的少量粉末可通过机械振动、微波振动、不同向风吹等方式除去。也有研究称可将模具浸入特制溶剂中，此溶剂可以溶解散落的粉末，但是对固化成型的模型不能溶解，可达到除去多余粉末的目的。

对于去粉完毕的模型，特别是石膏基、陶瓷基等易吸水材料制成的模型，还需要考虑其长久保存的问题，常见的方法是在模型外面刷一层防水固化胶，增加其强度，防止因吸水降低强度。或者将模型浸入能起保护作用的聚合物中，如环氧树脂、氰基丙烯酸酯、熔融石蜡等。最终的模型可兼具防水、坚固、美观、不易变形等特点。

7.3 冷喷涂增材制造技术

冷喷涂增材制造技术是一种基于高速粒子固态沉积的涂层制备方法。喷涂粒子在固态下碰撞基体，经过剧烈地塑性变形而沉积形成涂层。冷喷涂增材制造技术对基体不形成热影响，可作为近净成型技术直接喷涂制备块材和零部件，在防护涂层和功能涂层的制备、装备制造和再制造领域具有广阔的应用前景。目前冷喷涂增材制造技术已经在美国、澳大利亚等发达国家和地区用于直升机、战斗机、轰炸机、潜艇等军事装备的修复再制造。

7.3.1 基本原理

冷喷涂是一种金属、陶瓷喷涂工艺，通常被用于表面维修。澳大利亚 Titomic 公司联手CSIRO（澳洲联邦科学与工业研究组织）成功地将它应用到了制造领域，开发出了一种新型3D 打印工艺——"动力熔融（Kinetic Fusion）"。Kinetic Fusion 工艺原理图如图 7-6 所示。

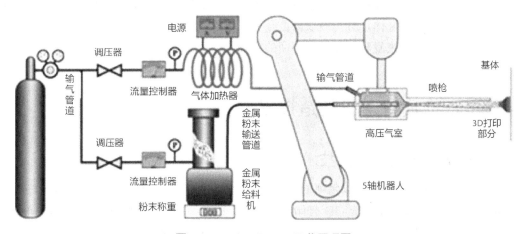

图 7-6 Kinetic Fusion 工艺原理图

冷喷涂增材制造技术是根据气体动力学理论开发的一种新型增材制造技术，它将高压气体如氦气、氮气、空气或它们之间的混合气体直接输入或经过加热后输入拉瓦尔喷管型打印喷嘴，经拉瓦尔喷管加速后形成超音速气流，驱动温度不超过 600℃的金属粉末颗粒以极高的速度碰撞成型基板，使金属粉末颗粒产生强烈的塑性变形，从而沉积在基板表面逐渐形成所需工件。

7.3.2 成型系统与设备

整个工艺在封闭的腔室中进行，先通过高热气体将金属粉末加速到音速的 1.5～3 倍，再通过喷嘴从喷枪射出。粉末颗粒便会在目标表面相互撞击，通过一种塑性变形过程，以机械水平牢固地结合到一起。喷枪是由机械臂精确控制的，所以可以非常精确地按照既定的图案喷射。

此工艺与现有的其他金属 3D 打印工艺一样能打印钛合金，但性能更强，而且强许多，据统计打印速度可达 45kg/h（高出其他工艺约 10～100 倍），打印成品强度能高出 34%，同时打印尺寸十分惊人（正在建造的设备尺寸为 9m×3m×1.5m，有望成为世界最大的金属 3D 打印机）。

7.3.3　特点及应用

冷喷涂增材制造技术在航空机体复杂结构件中的修复、零部件生产制造中具有领先的技术优势和广泛的应用前景，主要有以下显著技术特点。

（1）安全无损修复。冷喷涂增材制造技术通过低温固态沉积方式对起落架大梁疲劳裂纹进行修复，无须进行钻孔、铆接，不会对起落架大梁造成热损伤或二次破坏，也不存在高温环境导致油箱爆炸的隐患，实现安全无损修复。

（2）原位修复能力。冷喷涂增材制造技术实现了铝合金涂层的逐层堆叠，在疲劳裂纹处原位生长出合金体，可在不拆卸主结构件的情况下，以原位修复的方式对起落架大梁疲劳裂纹完成修复。

（3）涂层强度提升。冷喷涂增材制造技术可在裂纹部位原位制造出高致密性和原金属材料力学性能相适配的合金体，分担裂纹部位载荷，消除疲劳裂纹尖端张开应力，阻断裂纹扩展，实现机体结构强度恢复和可靠性、寿命的提升。

7.4　聚合物喷射增材制造技术

7.4.1　PolyJet 聚合物喷射技术

PolyJet 聚合物喷射技术是以色列 Objet 公司于 2000 年初推出的专利技术，PolyJet 聚合物喷射技术也是当前最为先进的 3D 打印技术之一。PolyJet 聚合物喷射技术可在机外混合多种基础材料，得到性能更为优异的新材料，极大地扩展了该技术在各领域的应用。

1. 基本原理

PolyJet 聚合物喷射系统的打印喷头沿 X 轴方向来回运动，工作原理与喷墨打印机十分类似，不同的是打印喷头喷射的不是墨水而是光敏聚合物。当光敏聚合物被喷射到工作台上后，紫外光灯将沿着打印喷头工作的方向发射出紫外光对光敏聚合材料进行固化。完成一层的喷射打印和固化后，设备内置的工作台会极其精准地下降一个成型层厚，打印喷头继续喷射光敏聚合材料进行下一层的打印和固化。就这样一层接一层，直到整个工件打印制作完成。PolyJet 聚合物喷射系统的结构如图 7-7 所示。

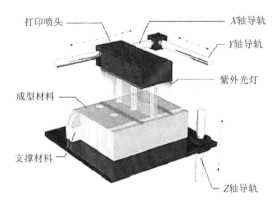

图 7-7　PolyJet 聚合物喷射系统的结构

2．成型特点

PolyJet 聚合物喷射技术的优点如下。

（1）质量高。最高可达 16μm 的分辨率，确保获得流畅且非常精细的部件与模型。

（2）精确度高。精密喷射与构建材料性能，可保证细节精细与薄壁特征。

（3）易清洁。适用于办公室环境，采用非接触式树脂载入/卸载，容易去除支撑材料，容易更换打印喷头。

（4）快捷。得益于全宽度上的高速光栅构建，可实现快速的流程，可同时构建多个项目，并且无须事后凝固。

（5）多用途。FullCure 材料品种多样，可适用于不同几何形状、机械性能及颜色部件，PolyJet Matrix 技术还支持多种型号（多种颜色）的材料同时喷射。

PolyJet 聚合物喷射技术的缺点如下。

（1）需要支撑结构。

（2）耗材成本相对高。与 SLA 技术一样使用光敏树脂作为耗材，成本相对较高。

（3）强度较低。由于材料是树脂，成型后强度、耐久度与 SLA 技术一样，都不是很高。

3．应用范围

（1）可以加工多材料、多颜色混合模型，也可以加工透明产品，常用于外观与装配测试。

（2）成型精度高、表面细节好的铸造模具。

（3）制造小批量注塑模具。

7.4.2　多射流熔融技术

1．基本原理

多射流熔融（Multi-Jet Fusion，MJF）技术主要使用两个不同的射流组件来组建全彩色 3D 零件，其中一个主要控制包装打印材料，生产出实体，另一个主要是控制喷涂、上色和结合。这两种工艺的设计都是为了实现部件需要的强度和纹理。

这个技术的工作方法：首先，涂一层粉末，其次，喷上焊剂，再次，喷上薄薄的精细剂，以确保印刷对象边缘的细度，最后，喷上一次热源，这一层就算完成了。以此类推，直到 3D 对象完成。印刷速度比 SLS 技术和 FDM 技术快 10 倍，并且不会丢失细节的微妙性。

以光盘印刷 1000 个齿轮为例,与 FDM 技术耗时 83h 和 SLS 技术耗时 38h 相比较,使用 MJF 技术只需要 3h 就可以执行完毕。

2. 工艺过程

惠普公司所用的 3D 打印技术为多射流熔融技术,其成型步骤如下。

(1)铺设成型粉末。

(2)喷射熔融辅助剂。

(3)喷射细化剂。

(4)在成型区域施加能量使粉末熔融。

(5)重复以上步骤直到所有切片加工结束。

注意喷射细化剂的区域并没有被熔融。

3. 成型系统与设备

惠普打印机的核心是位于工作台上的两个模块,分别为铺粉模块和热喷头模块。

铺粉模块:顾名思义,是在工作台上分配粉末材料用的。这个模块由三部分组成,中间是铺粉末的喷头,两边是能量源。

热喷头模块:用来喷射化学试剂熔融辅助剂和喷射细化剂,当然这个模块也是有能量源的。热喷头模块是这款打印机的亮点,以每秒钟每英寸 3000 万滴的速度喷洒化学试剂。

在实际的打印过程中,首先,铺粉模块会上下移动铺设一层均匀的粉末。然后,热喷头模块会左右移动喷射两种试剂,同时通过两侧的热源加热融化打印区域的材料。这个过程会往复进行,直至最后打印完成。

熔融辅助剂会喷射到打印的部分(打印对象的横截面),作用是让粉末材料充分融化;细化剂会喷射在打印区外边缘,起到隔热作用。这样一来,不仅能保证没有打印的粉末保持松散的状态,提高粉末的再利用率(MJF 技术的再利用率为 80%,而普通 SLS 技术再利用率大约是 50%),而且能保证打印层表面光滑,提高打印件的精细度(类似于 A4 纸的光洁度)。

4. 特点

多射流熔融技术的优势如下。

(1)加工速度快。

(2)打印件质量高。

(3)高精度。打印机喷头可以达到 1200dpi 的精度,考虑到粉末的扩散问题,在 XY 方向的精度可以达到约 40μm。

多射流熔融技术的劣势如下。

(1)材料限制。现在可用材料为尼龙 12(PA12),而更多可用材料取决于惠普公司对于细化剂的开发;对于金属器件的打印,可能无法使用一体机,因为直接在设备内部进行烧结/熔融需要的高温会影响电子器材(包括喷头)的运行。

(2)材料污染。在喷射了细化剂的区域,粉末并没有被烧结,有可能造成粉末的污染(因为这些喷射了细化剂的粉末如果后续被用在成型区域,那么可能不会被熔融)。

(3)颜色限制。惠普公司所用的熔融辅助剂包含了可以吸收光波的物质(可能为炭黑等深色材料),因而所展示的样品为深色;而打印白色或其他浅色器件,可能会减少能量吸收,从而会增加成型时间，有可能导致无法成型；对于全彩器件的打印，同时需要考虑色素的耐高温能力。

7.5　纳米颗粒喷射 3D 打印技术

7.5.1　工作原理

纳米颗粒喷射（NPJ）3D 打印技术是 XJet 公司于 2016 年首次公开并取得专利的材料喷射 3D 打印技术。其工作原理与传统的 2D 喷墨打印机的工作原理相似。2D 喷墨打印机的工作原理是喷墨系统前后移动并将彩色墨水沉积在纸上（2D）。而 NPJ 3D 打印技术相当于先用悬浮纳米颗粒替换彩色墨水，然后用打印平台替换纸张（3D）。

简单来说，悬浮纳米颗粒就是纳米级的研磨金属粉末或陶瓷粉末（纳米颗粒）被包裹在一层液体中。当悬浮纳米颗粒被沉积到 NPJ 3D 打印机的打印平台上时，外面的这层液体会因为被加热的打印平台的热量而蒸发，仅留下纳米颗粒，而纳米颗粒也在高温下开始黏合。

7.5.2　成型工艺及分析

（1）先将金属以液体的形式装入 NPJ 3D 打印机，打印时用含金属纳米颗粒的液体喷射成型。然后通过加热将多余的液体蒸发留下金属部分，最后通过低温烧结完成成型。

（2）加热打印床（打印平台的表面）至 250℃，这会使之后的悬浮纳米颗粒的液体层在沉积时蒸发。NPJ 3D 打印机的打印头由数千个喷墨孔组成，这些孔会将众多的悬浮纳米颗粒沉积到打印床上。一旦与加热的打印床接触，悬浮纳米颗粒的外层液体就会蒸发，剩下的纳米颗粒会因为热量黏合在一起。

（3）在完成第一层之后，打印平台会先降低一个单位的层厚度，然后重复该过程，直到完成零件为止。

（4）取出零件，进行后处理（例如，去除支撑物、抛光、在烤箱中烧结以完全黏合颗粒），借此改善零件的外观和机械性能。

7.5.3　工艺特点及应用

1. NPJ 3D 打印技术的特点

（1）高分辨率（层厚度为 10μm）和高精度（±25μm），实现超精细的细节。

（2）没有严格的打印环境要求（不需要气体，真空或压力环境均可）

（3）打印的零件可以回收；支撑结构可以熔化去除。

（4）NPJ 3D 打印机和悬浮纳米颗粒材料的价格都非常昂贵。

2. 应用

NPJ 3D 打印技术的主要材料目前只限于 316L 不锈钢和两种陶瓷基材料——氧化锆和氧化铝，用于制造具有高分辨率的金属零件或陶瓷零件，当前应用包括助听器、外科手术工具等医疗领域部件，航空航天和汽车用高温功能部件，以及用于电气行业的传感器等部件。

7.6 气溶胶喷射打印技术

7.6.1 基本原理

1. 气溶胶

气溶胶是指悬浮在气体介质中的固态或液态颗粒所组成的气态分散系统。这些固态或液态颗粒的密度与气体介质的密度可以相差微小，也可以相差悬殊。气溶胶颗粒的大小通常在 $0.01\sim10\mu m$ 之间，但由于气溶胶来源和形成原因差异很大（例如，花粉等植物气溶胶的粒径为 $5\sim100\mu m$、木材及烟草燃烧产生的气溶胶粒径为 $0.01\sim1000\mu m$ 等），颗粒的形状多种多样，可以是近乎球形，诸如液态雾滴，也可以是片状、针状及其他不规则形状。从流体力学角度来讲，气溶胶实质上是气态为连续相，固、液态为分散相的多相流体。

2. 基本原理

气溶胶喷射打印技术是先通过超声振荡或气流的方式将纳米导电墨水制成气溶胶，然后通过传输载气（雾化）将气溶胶传输至喷墨口，最后用打印的方式将导电墨水印制在需要的基底上。同时，气溶胶喷射打印系统会利用一束遮盖气体覆盖在导电墨水的外部，来控制打印气流的方向，保证打印的精确性。

气溶胶喷射打印系统将原材料与气溶胶混合喷射出直径为 $1\sim5\mu m$ 的雾滴，送入粉末颗粒雾滴形成束流，束流经喷头引导后汇聚，在喷头处环流气的作用下，通过喷嘴喷出形成同轴射流，射流将材料沉积在基体上，形成从 $10\mu m$ 到数毫米的层，基体在运动控制系统控制下做两轴运动形成二维的图案。

气溶胶喷射打印技术采用超声雾化工艺，将一定组成的固定剂溶液雾化，产生粒径非常小的雾滴，并输送到被处理区域内。悬浮于空气中的雾滴做不规则运动，不断与被处理区域中的气溶胶微粒发生碰撞，由于这些雾滴具有一定的黏性，因此发生碰撞作用时雾滴可以捕获气溶胶，使其粒径不断增大而发生沉降，从而降低被处理区域内的气溶胶浓度，雾滴做不规则运动时，除与气溶胶微粒发生碰撞外，也会碰撞并黏附于地面、墙壁或设备等表面上，在其表面形成一层黏性膜，从而将表面的松散污染物固定，抑制其再悬浮。

7.6.2 成型工艺及设备

整个工作系统主要由雾化器和喷印头两部分组成。

1. 雾化器

雾化器即通过雾化获得气溶胶的装置，它有超声和气动两种工作模式，根据墨水的性质采用不同的工作模式：墨水的黏度为 $0.7\sim30mPa\cdot s$，粒子直径<50nm 时，选用超声模式；墨水的黏度为 $1\sim1000mPa\cdot s$，粒子直径<0.5μm 时，应选用气动模式。

2．喷印头

喷印头是将气溶胶沉积到衬底上的一个关键部件。喷印头内部有一股环绕气流，此环绕气流既可以避免气溶胶与喷嘴侧壁接触，又能够聚集气溶胶，使气溶胶束流的径向尺寸小于喷嘴孔径的 1/10，从而达到高分辨率沉积的效果。由此形成的气溶胶束流高速（50m/s）冲击衬底表面，通过控制衬底或喷印头的移动获得目标图案。

7.6.3 特点及应用

目前，气溶胶喷射打印的方式已被广泛应用于芯片的互联导线打印、金属电极的打印、有机导电薄膜制备等领域。

1．气溶胶喷射打印技术的优点

（1）喷墨口很少堵塞。

由于气溶胶的形成是通过将含有有机溶液的导电墨水进行超声振荡实现的，所以可以适配大多数的导电墨水要求的范围。而且，气溶胶喷射打印技术主要是通过气流传输载气的方式，在遮盖气流和雾化气流的共同作用下，气溶胶不会和喷嘴内壁产生任何接触，只会在被遮盖气体包裹的情况下喷射而出，所以极不容易造成常见的喷头堵塞等问题。

（2）打印材料广泛。

对功能墨水进行雾化处理变成气溶胶颗粒的形式，扩展了材料选择范围，降低了材料配置难度。

（3）非接触式印刷。

气溶胶喷射打印技术可以在平面和非平面衬底上进行喷印。

（4）适用于多种衬底。

气溶胶喷射打印技术具有更高的打印高度，避免了喷嘴与衬底的接触，不仅避免损伤衬底材料，还可以适用于柔性衬底材料。

2．气溶胶喷射打印技术的缺点

（1）沸点过低的材料不适合用于气溶胶喷射打印技术。

比如，甲苯的沸点为 110℃，但是在气溶胶喷射打印时，小液滴中的甲苯会迅速进入气体和大气中，导致固态有机粉末形成。

（2）气溶胶产生不均匀。

在长时间大面积打印时会面临气溶胶产生不均匀的问题。

（3）对溶剂沸点敏感。

溶剂的选择和配比成为成功打印的关键之一。

第 8 章

薄材叠层增材制造技术

8.1 叠层实体制造技术

叠层实体制造（Laminated Object Manufacturing，LOM）技术也被称为分层实体制造技术。LOM 技术是几种最成熟的快速成型制造技术之一。这种制造方法和设备自 1991 年问世以来，得到迅速发展。由于 LOM 技术多用纸张作为原材料，成本低廉，制造精度高，而且制造出来的木质模型具有外在的美感性和一些特殊的品质，因而受到了广泛的关注，在产品设计可视化、造型设计评估、装配检验、熔模制造型芯、砂型铸造木模、快速制模母模及直接制模等方面得到了快速的应用，已在汽车、机械、电器、航空航天、建筑、医学、玩具和考古等行业得到越来越广泛的应用。

LOM 模型一般由薄片材料和黏结剂两部分组成，薄片材料根据对模型性能要求的不同可分为纸、塑料薄膜、金属铂等。对于薄片材料要求厚薄均匀，力学性能良好并与黏结剂有较好的涂挂性和黏结能力。用于 LOM 纸基的热熔胶按基体树脂划分，主要有乙烯-乙酸乙烯酯共聚物型热熔胶、聚酯类热熔胶、尼龙类热熔胶或其混合物。

LOM 技术成型速度快，制造成本低，成型时无须特意设计支撑，材料价格也较低。LOM 技术适合制造较大的工件。但薄壁件、细柱状件的剥离比较困难，而且由于材料薄膜厚度有限制，制件表面粗糙，需要烦琐的后处理过程。

8.1.1 基本原理及特点

LOM 系统由计算机、原材料存储及送进机构、热黏压机构、激光切割系统、可升降工作台和数控系统及机架等组成。其中，计算机用于接收和存储工件的三维模型，沿模型的高度方向提取一系列的横截面轮廓线，发出控制指令。原材料存储及送进机构将存于其中的原材料（如底面有热熔胶和添加剂的纸）逐步送至工作台的上方。热黏压机构将一层层材料黏合在一起。激光切割系统按照计算机提取的横截面轮廓线，逐一在工作台上方的材料上切割出轮廓线，并将无轮廓区切割成小方网格以便在成型之后能剔除废料。可升降工作台支撑成型的工件，并在每层成型之后，降低一个材料厚度（通常为 0.1～0.2mm），以便送进、黏合和切割新的一层材料。数控系统执行计算机发出的指令，先控制材料的送进，然后黏合、切割，最终形成三维工件模型。LOM 技术的原理图如图 8-1 所示。

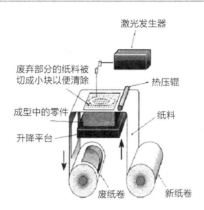

图 8-1 LOM 技术的原理图

其具体过程可分为如下三步。

（1）加工时，热压辊热压材料，使之与下面已成型的工件黏合。用 CO_2 激光器在刚黏合的新层上切割出零件截面轮廓和工件外框，并在截面轮廓与外框之间多余的区域内切割出上下对齐的网格；LOM 技术中激光束或切刀只需要按照分层信息提供的截面轮廓线逐层切割而无须对整个截面进行扫描，且不需要考虑支撑。

（2）光切割完成后，工作台带动已成型的工件下降，与带状片材（料带）分离；供料机构转动收料轴和供料轴，带动料带移动，使新层移到加工区域；工作台上升到加工平面。

（3）热压辊热压，工件的层数增加一层，高度增加一个料厚；在新层上切割截面轮廓。如此反复直至零件的所有截面切割、黏合完，最后将不需要的材料剥离，得到三维实体零件。

8.1.2 成型系统与设备

从 LOM 技术的原理可以看出，该制造系统主要由控制系统、机械系统、激光器及冷却系统等几部分组成。设备包括材料仓、黏结剂仓、送进盘、熨平装置、工作平台、XY 绘图头、防黏结笔、修剪刀、切刀装置、加热装置等。

8.1.3 成型工艺过程

LOM 技术的工艺制作过程分为前处理、叠层制作和后处理三个阶段。前处理阶段主要是数模建立和数据转换与处理，叠层制作阶段主要是进行制作工艺参数的设置及木质模型制作的过程，后处理阶段主要是提高模型的性能。

1．前处理

由于叠层在制作过程中要由工作台（或称升降台）带动频繁起降，为实现原型与工作台之间的连接，需要制作基底，通常制作 3~5 层。

涂布工艺有涂布形状和涂布厚度两个方面。涂布形状指的是采用均匀式涂布还是非均匀式涂布，非均匀式涂布又有多种形状。均匀式涂布采用狭缝式刮板进行涂布，非均匀式涂布有条纹式和颗粒式。一般来讲，非均匀式涂布可以减小应力集中，但涂布设备比较贵。涂布厚度指的是在纸材上涂多厚的胶，选择涂布厚度的原则是在保证可靠黏合的情况下，尽可能地涂薄，以减少变形、溢胶和错移。

2. 叠层制作

快速成型设备根据计算机输出的三维 CAD 模型转换的 STL 数据及设定的工艺参数,自动地沿模型高度的水平面逐层"切割"成一定厚度的片层,采用激光切割等方法将纸在制造的模型上逐层堆积,形成零件模型。

LOM 快速成型机的主要参数包括激光切割速度、加热辊温度、激光能量、切碎网格尺寸等。

1)激光切割速度

激光切割速度影响模型的表面质量和制作时间。如果速度过快,那么在激光能量补充不足时,纸材切割不彻底,影响余料的去除和模型外表的美观;如果速度过慢,那么会增加模型的制作时间。所以激光切割速度在许可范围内的选取和设置应适当,通常选为 450 mm/s 左右。

2)加热辊温度

加热辊温度的设置应根据模型层面尺寸大小来确定。当模型层面尺寸较大时,叠层之间实现黏合需要的热量较高,加热辊温度应适当调高,以确保叠层之间黏合牢固。另外,加热辊温度的设置还应考虑环境温度的影响。因为当环境温度较低时,纸材的初始温度较低,实现牢固黏合所需要的热量也较多,此时,应考虑适当调高加热辊的温度。通常加热辊的温度设置在 230～260℃之间。

3)激光能量

激光能量的大小直接影响着切割纸材的厚度和切割速度,能量太小,纸材切不断;能量太大,会切割到前一叠层。此外,激光切割速度的变化也要求激光能量适时调整,当切割速度较高时,激光能量应调高,反之则调低,一般两者之间为抛物线型关系。

4)切碎网格尺寸

在每一叠层中,模型截面以外的多余部分作为余料保留下来,在叠层过程结束后应人工去除。为方便去除,余料部分在截面轮廓切割完毕后应进行切碎处理,当模型形状复杂时,将切碎网格尺寸设置小一些,可方便以后的余料去除;当形状比较简单时,可适当加大网格尺寸,以缩短叠层制作时间。

3. 后处理

为了使模型表面状况或机械强度等方面完全满足最终需要,保证其尺寸稳定性、精度等方面的要求,需要对清理后的模型进行修补、打磨、抛光等。其中,LOM 模型经过余料去除后,为了提高模型的性能和便于表面打磨,经常需要对模型进行表面涂覆处理,表面涂覆的好处:提高强度、增强耐热性、改进抗湿性、延长模型的寿命、易于表面打磨处理等。经涂覆处理后,模型可更好地用于装配和功能检验。

8.2 超声波固相增材制造技术

8.2.1 技术原理

超声波金属焊接技术是在 19 世纪 30 年代被偶然发现的。当时研究人员在做电流点焊电极加超声波振动实验时发现不通电流也能进行焊接,因而,超声金属冷焊技术得以发展。由于受超声波换能器功率的限制,多年来,超声波焊接技术在金属焊接领域没有得到很好的应用和发展，主要局限于金属点焊、滚焊、线束和封管 4 个方面。

超声波增材制造技术是基于"超声波焊接"这种传统制造工艺的技术，即利用超声波振动所产生的能量让两个需要焊接的表面摩擦，最终形成分子间融合的一种焊接方式；而超声波固相增材制造技术则是将这种焊接方式应用到 3D 打印机上形成的一种新的 3D 打印工艺。

在连续的超声波振动压力下，两层金属箔之间会产生高频率的摩擦，在这个摩擦过程中，金属表面覆盖的氧化物和污染物被剥离，露出下面的纯金属，之后利用超声波的能量辐射（或外部加热）将较为纯净的金属材料软化填充到已完成焊接的金属箔片表面。在这个过程中，两片金属箔片的分子会相互渗透融合，进一步提高焊接面的强度，之后周而复始，层层叠加至最终成型。

超声波固相增材制造技术还被应用于电子封装结构、航空零部件、金属蜂窝板结构、热交换器等复杂内腔结构零部件的制造，该技术和装备在航空航天、国防、能源、交通等尖端支柱领域有着重要的应用前景。

8.2.2　工艺特点

超声波固相增材制造过程的初始温度是 150℃，焊接过程中摩擦和塑性变形的产热可使局部温度达到 200℃左右，而其他 3D 打印技术则通常要将金属加热至熔化。因此，超声波固相增材制造技术可将多种金属材料连接在一起，还可以将传感器、合金纤维等对温度敏感的低熔点材料或电子器件嵌入其中。

1. 优点

（1）原材料来源广泛。原材料采用一定厚度的普通商用金属带材，价格低廉，如铝带、铜带、钛带、钢带。

（2）超声波固相增材制造过程是固态连接成型的过程，温度低，一般是金属熔点的 25%～50%，因此，材料内部的残余内应力小，结构稳定性好，成型后无须进行去应力退火。

（3）节省能源。所消耗的能量只占传统成型工艺的 5%左右；不产生任何焊渣、污水、有害气体等废物污染，因而是一种节能环保的快速成型与制造方法。

（4）与数控系统相结合，易实现三维复杂形状零件的叠层制造和数控加工一体化，可制作形状复杂的金属零件，还可根据零件不同部位的工作条件与特殊性能要求实现梯度功能。

（5）使材料结构性能提高。超声波固相增材制造过程中的箔材表面氧化膜可以被超声波击碎，无须事先对材料进行表面预处理。

2. 缺点

（1）自换能器的功率问题。碍于转换效率的限制，其实际输出的超声能量难以大幅提高。

（2）超声波所带来的机械共振也是一个不得不面对的问题，由于超声波发生器的频率一般在 20kHz，因此工件很容易在 20kHz 频率上发生共振，而共振将导致工件基板与上层金属箔片的摩擦大幅减弱，使焊接质量降低。

（3）超声波固相增材制造技术无法自动放置或取出支撑结构。由于超声波黏合的过程是需要施以一定压力的，在制造较大面积的悬空结构时，缺少支撑将直接导致压力无法施加而加大制造难度。

（4）数控加工精度限制了制造精度。超声波固相增材制造技术的制造精度可达 100μm 级别，主要受限于数控加工的精度，这使得尺寸低于 100μm 的精细结构无法使用超声波固相增材制造技术进行制造。

8.2.3　应用

1．层状材料和结构材料

超声波固相增材制造技术的应用之一即层状材料的叠层堆积制造，可制备出叠层复合材料。无论是对于同种金属还是异种金属都能取得理想的固结质量。

在层状材料的制备中，超声波固相增材制造技术有着相比其他制备方法更加迅速、节能的优点，并能达到近 100% 的界面结合率及良好的界面结合强度。在金属间化合物基层状复合材料的两步法制备过程中，超声波固相增材制造技术已成功制造出 Ti/Al 叠层毛坯，用于后续的烧结制备金属间化合物基层状复合材料。

2．纤维增强复合材料

以层状复合材料为例，在基体中埋入 SiC 陶瓷纤维或者 NiTi 形状记忆合金纤维，能够在很大程度上改善原有复合材料的强度和韧性等力学指标，以及取得减振降噪等特殊性能，达到材料的强韧化及功能性等目的。

采用超声波固相增材制造技术已经制造出了 Al_2O_3 纤维增强铝基复合材料，碳芯 SiC 纤维强化 Ti/Al 复合材料。

3．功能/智能材料

利用超声波固相增材制造技术已经成功地在金属基体中埋入光导纤维、多功能元器件等，从而制造出金属基功能/智能复合材料。在金属基体中直接植入电子元器件等能够在很大程度上提高元器件的精密度，并简化结构，提高空间利用率。同时，超声波固相增材制造过程中进行的局部低温固态物理冶金反应，避免了高能束成型制造时植入元器件的失效和增强体性能的劣化问题。试验表明，采用优化的超声波固相增材制造技术，在铝合金叠层中埋入的光纤没有出现明显的变形和破坏，保持了原有的性能。

4．金属蜂窝夹芯板结构

航空航天领域对新一代的超轻高强材料的需求迫切，复合材料虽然能够在一定程度上满足这些需求但还不够完美。利用超声波固相增材制造技术能够制造出新一代轻质金属蜂窝夹芯板结构材料、中空蜂窝骨架结构的支撑及表层金属共同构成的三明治夹心结构，优化了强度和密度比，使其拥有优异的力学性能和轻质特性。

5．金属叠层零部件制造

超声波固相增材制造技术由于能够制造出内腔复杂、精确的叠层结构，所以近年来在金属零部件制造领域中的应用前景渐显。逐层制造的特点使得超声波固相增材制造技术很容易设计并制造出独特的内部结构，超声波固相增材制造技术可应用于精密电子元器件的封装、铝合金航空零部件的快速制造和铝合金微通道热交换器等零部件及结构件的制造。

♉ 第 9 章 ♉

新型 3D 打印技术

三维微纳结构在微纳机电系统、微流控器件、微纳光学器件、微纳传感器、微纳电子、生物芯片、光电子和印刷电子等领域有着巨大的产业需求。

新型 3D 打印技术在复杂三维微纳结构、高深宽比微纳结构及复合材料三维微纳结构制造方面具有突出的潜能和优势，具有设备简单、成本低、可使用材料种类多、无须掩膜或模具、可直接成型等优点，广泛应用于对三维微纳结构产品有需求的领域。

9.1 直接墨水书写 3D 打印技术

传统的化学减成法电路制作工艺主要通过基材制备、线路刻蚀、元件焊接与绝缘封装等加工过程制备电路。这类加工工艺主要适用于平面电路的成型，可用于制备柔性电子电路，但无法实现三维立体电路的制备，且操作流程烦琐复杂；需要制作专用的电路掩膜，金属材料浪费严重；需要使用多种化学药剂和专用原料，刻蚀后生成的化学污水、重金属废液对环境污染严重。

目前，以喷印、激光直接成型为代表的加工制造工艺是一类非接触、无压力、无印版的电路复制技术，可实现复杂三维电路结构的快速设计与加工。

其工艺流程为借助注塑或压铸工艺首先成型三维结构载体，通过喷印导电墨水或激光活化处理在载体表面形成导电线路，然后经过电镀或化学镀增加导电线路的金属层厚度，最后在三维结构表面贴装电子元件，形成将三维空间和电子功能结合在一起的立体电路。

9.1.1 导电墨水材料

导电墨水作为核心功能材料是印制电子技术的关键，其主要由导电成分、溶剂及其他添加组分组成。典型的导电墨水通常分为三类：碳系、高分子及纳米金属颗粒。

1. 纳米银导电油墨

（1）纳米银颗粒的粒径尺寸在纳米级别，一般在 50nm 左右，以纳米银为导电组分，可以充分保证印制线路优异的导电性能，以及目标产品良好的抗氧化性，所以在制备导电墨水及后期产品印制过程中无须另加防氧化措施。

（2）纳米银相较于块状银，有更大的比表面积，单位面积的原子数更多，这样将明显提高导电组分纳米银颗粒与基材的接触面积，从而增强导电层在基材上的附着力，提高产品的质量。同时纳米尺度的银粉有更大的比表面积，对导电层间隙的填充效果更好，能在不降低器件性能的前提下，大大降低银消耗量，节省成本。

（3）随着纳米银颗粒尺寸的减小，其表面能与比表面能不断增大，烧结温度将迅速下降，当粒径小于 10nm 时，烧结温度可以降至 100℃以下，从而拓宽了基材的选择范围，使得纸张、聚对苯二甲酸乙二酯等成本低廉的基材可以得到广泛应用。

然而，银价格也较贵，另外其自身存在着易迁移、硫化、抗焊锡侵蚀能力差、烧结过程容易开裂等缺陷。

2．纳米金导电油墨

金粉化学性质稳定，具有良好的导电性，但黄金价格较贵，用途仅限于厚膜集成电路。

3．纳米铜导电油墨

铜虽然具有高的导电性和相对低廉的成本，但是其化学性质较为活泼，容易氧化，其应用同样受到一定的局限。溶剂在分散过程中，纳米铜粒子的聚集，以及大量高质量、低成本纳米铜的合成困难，仍然是困扰纳米铜用于导电油墨填料的几个关键问题。

铜的导电性与银相当，但铜的价格却比银的价格低得多，具有广阔的发展前景。为了降低导电油墨的成本，以纳米铜为介质的喷墨导电油墨在过去几年得到了快速发展。但以纳米铜为介质的喷墨导电油墨在空气中易被氧化，使用时易团聚。

4．碳纳米管导电油墨

碳纳米管（CNT）因具有独特的电子、化学和力学性能已成为纳米科技的主导材料，合适的功能化可以有效发挥碳纳米管优异的导电性。喷墨印刷法也被用来制备可剥脱高质量碳纳米管薄膜，操作简单、薄膜厚度可控。CNT 也常与导电聚合物复合应用，CNT 的加入有效增加了聚合物的导电性，提高了聚合物印刷电子器件的性能。高导电性、碳材料本质决定的稳定性及纳米片层结构特点都决定了石墨烯可作为优质导电油墨填料应用于导电油墨中，使导电油墨产品性能的提升极具想象空间。

5．金属-非金属复合导电墨水

在料浆中添加所需组元粉末，利用金属和非金属的组合效果，生产各种复合材料和特殊性能材料。金属-非金属复合 3D 打印技术对原料粉末、颗粒要求低，大部分金属粉末和非金属粉末都已开发出了较为成熟的料浆体系，配制的料浆性能满足金属-非金属复合 3D 打印技术要求。

9.1.2　基本原理及特点

直接墨水书写（DIW）3D 打印技术可用于制备各种材质及性能的材料，其应用领域非常广泛，包括电子学、结构材料、组织工程及软机器人等。该技术所使用的墨水类型有很多种，如导电胶、弹性体及水凝胶等。这些墨水都有流变性能（如黏弹性、剪切稀化、屈服应力等），有助于 3D 打印过程的实施。

在 DIW 过程中，黏弹性墨水从 DIW 3D 打印机的喷嘴被挤压出来，形成纤维，随着喷嘴的移动，就可以沉积成特定的图案。

DIW 3D 打印技术是一种非接触式打印技术，其原理是墨滴通过喷头小孔直接喷射到打印介质表面的特定位置，以形成图像。DIW 3D 打印技术具有操作简单、打印精度高、打印速度快的特点。喷墨导电墨水是 DIW 3D 打印技术的重要元素之一，按导电材料的性质，其可分为无机喷墨导电墨水和有机喷墨导电墨水两类。无机喷墨导电墨水主要以金属、金属氧化物和碳作为导电材料，其中纳米银导电墨水的研究和使用最为广泛。

9.1.3　工艺特点

　　不论是导电高分子系、纳米金属、有机金属导电墨水还是碳材料类导电墨水，自身均不具备导电性，在打印后需要经过一定的后处理工艺（如烧结、退火），将导电墨水中的溶剂、分散剂、稳定剂等去除，使导电材料形成连续的薄膜后，才具备导电性。不论是墨水的配制，还是后处理工艺，都较为复杂。除此之外，采用纳米金、银墨水进行大面积打印时成本较高，而纳米铜粒子容易氧化。

　　为了保证打印效率，DIW 3D 打印机采用注射泵阵列和注射喷头阵列结合的方式进行增材制造。图 9-1 所示为未来液相 3D 打印机的喷头。计算机控制所有注射泵的推进速度，使注射喷头只需对应打印的位置进行增材制造，以此实现三维沉积。

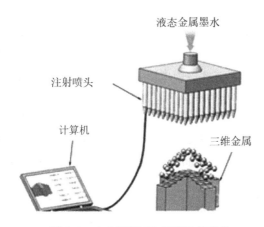

图 9-1　未来液相 3D 打印机的喷头

1．掩膜沉积

　　掩膜沉积工艺：首先通过化学浸蚀、模板光刻等方法在硅片等模板表面形成与目标结构相同的凹槽或图形，然后在模板表面均匀涂覆一层液态金属，通过外力挤压等方式使得液态金属充分填充入凹槽内，最后，将表面多余金属材料去除后可直接进行封装，以制作可拉伸、弯折的柔性功能器件，或进行冷却固化处理后将金属制件与模板分离。

2．微流道注射成型

　　微流道注射成型是指使用立体光刻、溶解去除或熔融浇筑的方法在弹性基底表面预成型，随后与另一弹性平板基底进行等离子表面处理、黏结，从而得到所需要的微通道结构；使用注射器或泵将液态金属从预留的进料口甚至生物体内的天然毛细管注入，随着液态金属进入流道并灌满所有空隙空间后，最终得到与设计结构或充填对象一致的点、线和其他结构。

3．液滴堆积

液滴堆积是指通过气压、压电、机械振动、应力波等驱动方式产生金属液滴，根据目标产品的尺寸形状和结构特征，通过控制喷头或基板的运动轨迹，使金属液滴在指定位置实现有序、精确地沉积并相互融合、凝固。

4．线性直写

线性直写过程：首先，以气压、活塞或材料自重为动力源，使液态金属从喷头中连续挤出形成线形流体；然后，借助计算机精确控制喷头与基底之间的相对位置，实现金属材料在基底上的连续线性沉积，依靠液态金属的表面张力和氧化层保证电子线路的成型精度和结构稳定性；最后，将室温硫化型硅橡胶叠印在成型电路之上，起到封装和电气绝缘作用。

9.2 液态金属悬浮 3D 打印技术

9.2.1 液态金属材料

液态金属通常指的是熔点低于 200℃ 的低熔点合金，其中室温液态金属的熔点更低，在室温下即呈液态。与传统流体相比，液态金属具有优异的导热和导电性能，且液相温度区间宽广，这种金属具有电导率高、制备简单、无须后处理等优点。液态金属具有自主形态变化等多种特性，在电场、磁场作用下还能表现出很多神奇的变化，能广泛应用于 3D 打印、柔性智能机器、血管机器人等领域，类生物学行为的新发现将进一步开拓液态金属研究的新领域。

最具代表性的室温液态金属为镓及镓基合金。镓（Ga）是主要用作液态金属合金的 3D 打印材料，它具有金属导电性，其黏度类似于水。不同于汞（Hg），镓既不含毒性，也不会蒸发。镓可用于柔性和伸缩性的电子产品，已在可变形天线的软伸缩部件、软存储设备、超伸缩电线和软光学部件上得到了应用。

钽具有很好的化学稳定性和抗生理腐蚀性，钽的氧化物基本上不被吸收和不呈现毒性反应，钽可与其他金属结合使用而不破坏其表面的氧化膜。在临床上，钽也表现出良好的生物相容性。钽、铌、锆与钛都具有极相似的组织结构和化学性能，在生物医学上也得到了一定应用，被用作接骨板、种植牙根、义齿、心血管支架及人工心脏等。

9.2.2 工艺过程

液态金属悬浮 3D 打印技术原理示意图如图 9-2 所示，凝胶材料受到喷头的挤压而发生局部液化，这使得喷头可以轻易插入凝胶内部并在其内部自如运动；当喷头经过后，发生液化的凝胶会迅速固化并恢复到稳定形态。室温液态金属通过打印喷头被连续挤出。较高的表面张力使得挤出的液态金属以球状液滴的形态悬挂在喷头顶端，随着喷头与凝胶之间的相对运动，挤出的金属液滴发生颈缩并最终与喷头断开，被支撑凝胶包裹、固定，在打印喷头经过的路径上留下一系列独立的液态金属微球。在凝胶支撑环境中通过室温液态金属微球的逐层堆积，最终成型多维度宏观三维结构。

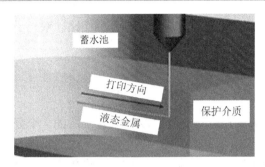

图 9-2　液态金属悬浮 3D 打印技术原理示意图

9.2.3　特点及应用

液态金属悬浮 3D 打印技术的特点：可成型任意复杂形状的三维结构、集打印封装于一体、室温制造金属构件、可实现立体柔性电路打印、成型周期短、零技能制造。

液态金属悬浮 3D 打印技术在柔性立体电路实现、电子逻辑单元构筑、软体机器人组装、材料封装及生物医学等诸多领域具有重要价值。

（1）电子制造：通过替代传统油墨，以印刷的方式在基材上制造电子电路及器件，实现机电一体化制造，功能结构一次成型，如复杂大面积柔性 PCB、RFID 标签、智能标签等。

（2）柔性传感与可穿戴：鉴于柔性电子基底的兼容性，可适用于陶瓷、玻璃、树叶、塑料、纤维等材料。

（3）智能空间：基于涂层电路让墙壁、门窗、地面等变得智能化。

（4）艺术：如各类工艺品、个性装饰等。

除此之外，在广告领域、智能家居、智能手机、无线通信、电子皮肤、医疗技术等方面也有很大的应用前景。

9.3　双光子聚合激光 3D 直写打印技术

由于树脂材料的黏度、表面张力等因素的影响，小涂层厚等因素的限制，以及微立体光刻固化是基于单光子吸收聚合固化的本质特性，微立体光刻目前能达到的分辨率是在微尺度范围，如果进一步提高微立体光刻的分辨率，那么实现亚微尺度和纳尺度结构制造将面临巨大的挑战。

双光子聚合（Two-Photon Polymerization，TPP）是物质在发生双光子吸收后所引发的光聚合过程。基于双光子聚合激光 3D 直写打印技术可以突破经典光学衍射的限制，制造分辨率高的纳米尺度的任意形状三维结构，其在微光学、微流控、微电子、微器件三维微加工、高密度光储存及生物医疗等领域得到了广泛应用，近年来已成为全球高新技术领域的一大研究热点。

在双光子聚合工艺中，飞秒激光脉冲具有极小的脉冲宽度和极高的峰值功率，与物质相互作用时呈现强烈的非线性效应，作用时间极短，热效应小。近红外区的飞秒激光又能避免紫外激光对大多数材料不透明的缺点，它可以深入透明材料内部在介观尺度上实现真正意义上的三维立体微加工。因此，与传统分层微立体光刻相比，双光子聚合具有更高的分辨率。

9.3.1 基本原理

1. 双光子吸收

双光子吸收（Two-Photo Absorption，TPA）是指物质的一个分子同时吸收两个光子的过程，此过程只能在强激光作用下发生，是一种强激光下光与物质相互作用的现象。双光子吸收属于三阶非线性光学效应，双光子聚合仅发生在激光焦点处，分辨率可突破瑞利判据决定的光学衍射极限，达到几十纳米。

2. 聚合机理

（1）普通光聚合采用紫外波长（250～400nm）的激光，光子能量高，光经过的地方均发生聚合。普通光聚合机理为引发剂只吸收一个光子，产生自由基或阳离子等活性基团，引发单体聚合；或者光敏剂先吸收一个光子，然后与引发剂发生能量交换或电子转移产生活性基团引发单体聚合。

（2）双光子聚合和普通光聚合的聚合机理基本相同，区别在于引发剂吸收光子的方式不同。TPP 采用近红外波长（600～1000nm）的激光，近红外波长光子能量低，线性吸收及瑞利散射小，在介质中穿透性强。引发剂或光敏剂在光子强度高的焦点处会产生 TPA，从而引发液态树脂发生聚合而固化。图 9-3 所示为单光子激发聚合和双光子激发聚合，固化区域称为 Voxel。通过控制 Voxel 在空间的位置分布，可加工出任意形状的三维结构。只要控制入射光强度，就可使焦点之外的区域入射光强不足以产生 TPA 效应；只要焦点处发生 TPA 而产生化学反应，就可将反应限制于焦点附近极小的区域。根据设计的路径移动焦点，就可在树脂中加工出指定形状的三维结构。TPP 加工空间分辨率高，其加工精度取决于焦点的大小。

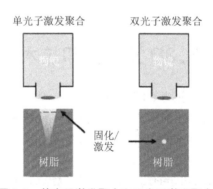

图 9-3 单光子激发聚合和双光子激发聚合

3. 双光子聚合材料

TPP 树脂包括负刻胶和正刻胶。

（1）负刻胶聚合机理是自由基引发的连锁聚合，反应速度快，处理过程简单且可选择的引发剂和单体范围广，所以 TPP 采用的树脂大多是负刻胶。丙烯酸酯类树脂是最常用的负刻胶。

（2）正刻胶聚合机理是阳离子聚合，引发剂发生 TPA 产生 Brcpnsted 酸，引发环氧化合物或乙烯基醚聚合。

9.3.2　成型工艺及设备

图 9-4 所示为 TPP 增材制造的光路系统。其中，飞秒激光作为激发光源（波长为 780nm，重复频率为 80MHz，脉冲宽度为 80fs），在光路中放置快门及衰减器调节曝光时间和光强。光束经扩束镜后由物镜聚焦到待加工树脂，利用三维移动系统（三维移动台或二维振镜与一维移动台组合）控制激光焦点在树脂中按照设计的路径进行扫描。整个系统配备照明光源、二向色镜及 CCD，用于对加工过程进行实时观察。加工完成后，将未聚合树脂用乙醇等溶剂洗去，即得到三维微结构。

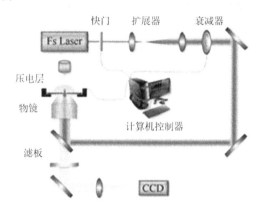

图 9-4　TPP 增材制造的光路系统

9.3.3　特点及应用

1．工艺特点

与传统的单光子吸收引发的聚合反应相比，双光子吸收引发的聚合反应有如下两个明显的特征。

（1）在强光的辐射下，电子从基态向激发态跃迁时，其跃迁概率与入射光强度的平方成正比，因而入射光束在紧聚焦的情况下，聚合反应仅发生在入射光波长范围的体积内，光路上其他地方的激光强度不足以产生双光子吸收，且由于所用光波长较长，能量较低，相应的单光子吸收过程不能发生，因此，双光子吸收过程具有良好的空间选择性。

（2）聚合反应的激光光源可选择在可见光—近红外光范围，其光子能量远远低于传统单光子聚合的紫外光（250～400nm）能量，因此线性吸收及瑞利散射均比较小，激光在介质中的穿透性高。

2．应用

1）光子相位阵列/光学滤波器

研究表明，使用双光子聚合激光 3D 直写打印技术可以创建衍射光学元件。基于波导的相位阵列允许用户将其信息编码到结构中并且稍后使用适当的激光投射它。潜在的应用是防伪。

2）超材料

Bauer 等人受人类骨骼的启发使用基于双光子聚合激光 3D 直写打印技术开发了一种高强度轻质材料。这种材料比其他所有工程材料的强度质量比都高，而且密度比水还低。

3）光子晶体

科学家利用双光子聚合激光 3D 直写打印技术制作了三维的光子晶体。光子晶体（Photonic Crystal）是由不同折射率的介质周期性排列而成的人工微结构，具有很多奇异的光学性质。但单元结构极其微小，加工起来非常困难。使用双光子聚合激光 3D 直写打印技术则可以非常方便地加工出这种周期性排列的微纳结构。

4）纳米结构制造

2001 年，Kawata 等人利用超短脉冲激光（波长为 780 nm 的近红外飞秒脉冲激光）诱导光刻胶发生双光子聚合反应制造出长 10μm、高 7μm 的纳米牛，其分辨率达到 120 nm，突破了传统光学理论的衍射极限，实现了利用双光子聚合激光 3D 直写打印技术制造亚微米精度的三维结构。

☌ 第 10 章 ☊

3D 打印材料的性能

工程材料制成的机械零部件在使用过程中要受到各种形式的力，材料在这些力的作用下所表现出的特性被称为材料的力学性能。材料的力学性能包括强度、塑性、硬度、韧性、抗疲劳性和耐磨性等。材料的力学性能不仅取决于材料本身的化学成分，而且还和材料的微观组织结构有关。

材料的力学性能是衡量工程材料性能优劣的主要指标，也是机械设计人员在设计过程中选用材料的主要依据。材料的力学性能可以从设计手册中查到，也可以用力学性能试验方法获得。了解材料力学性能的试验方法、测试条件和性能指标等将有助于了解工程材料的本性。

10.1 材料的强度与塑性

材料在外力作用下抵抗变形和断裂的能力称为材料的强度。根据外力的作用方式，材料的强度分为抗拉强度、抗压强度、抗弯强度和抗剪强度等。

材料在外力作用下显现出的塑性变形能力称为材料的塑性。材料的强度和塑性是材料最重要的力学性能指标之一，它可以通过拉伸试验获得。一次完整的拉伸试验记录还可以获得许多其他有关该材料性能的有用数据，如材料的弹性、屈服极限和破坏材料所需的功等。所以拉伸试验是材料性能试验中最为常用的一种试验方法。

10.1.1 拉伸试验及拉伸曲线

图 10-1 所示为拉伸试样示意图。拉伸试验可以在拉伸试验机上进行，被测试的材料按国家标准制成光滑圆柱形的标准拉伸试样。试样中间截面均匀的部分作为测量延伸量的基本长度，称为标距 L_0。先将试样的两端放在拉伸试验机的夹头内夹紧，然后缓慢而均匀地施加轴向拉力。随着拉力的增加，试样被拉长，直至拉断为止。在拉伸过程中，拉伸试验机上的自动记录系统同时绘制出拉伸过程中试样的应力-应变曲线图，也称为 $R\text{-}e$ 曲线。图 10-2 所示为低碳钢的拉伸曲线图。图中的纵坐标为应力 R（单位为 Pa），横坐标为延伸率 e（%），R 和 e 的定义可表示为：

$$R = \frac{F}{S_0}, \quad e = \frac{L_1 - L_0}{L_0}$$

式中，F 为轴向拉力（N）；S_0 为试样的原始横截面积（mm^2）；L_0 为试样的原始标距（mm）；L_1 为试样变形过程中和 F 对应的总伸长（mm）。

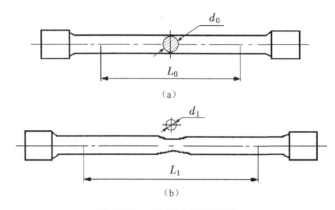

图 10-1　拉伸试样示意图

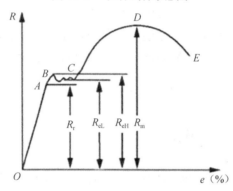

图 10-2　低碳钢的拉伸曲线图

R-e 曲线显示了材料在单向拉应力作用下，从开始变形直至断裂的整个过程中的各种性质，它一般可以分为三个阶段。

1. 弹性变形阶段（O—A）

在这个阶段，材料内部的原子之间距离只发生弹性伸长，所以应力与应变呈直线关系，遵从胡克定律。此时，如果卸掉载荷，那么试样就能恢复到原来的长度。

2. 塑性变形阶段（B—D）

此时，R 与 e 的关系偏离直线关系。在 BC 段，应力几乎不变，但应变却不断增大。超过 C 点之后，因材料发生加工硬化，若要试样继续变形，则必须加大载荷。当应力达到最大值（D 点）后，试样的某一部分截面急剧缩小，产生"缩颈"现象。在塑性变形阶段，即使卸掉载荷，试样也不能恢复到原来的长度。

3. 断裂（E 点）

在 D 点以后，试样的变形主要集中在"缩颈"部分，最终导致试样在"缩颈"处发生断裂。

拉伸曲线所显示出的材料本性主要是由于材料内部微观结构的变化引起的，所以，不同的材料在拉伸过程中会出现不同形式的应力-应变曲线。

10.1.2　拉伸曲线所确定的力学性能指标及意义

根据应力-应变曲线可以计算出材料的强度、塑性等力学性能指标。

1．弹性模量 E

图 9-2 中的直线段 OA 的斜率即材料的弹性模量 E。

$$E = \frac{R}{e}$$

式中，R 为材料的应力；e 为材料的应变。

弹性模量 E 值表征材料产生弹性变形的难易程度。金属的弹性模量是一个对组织不敏感的参数，其大小主要取决于金属的本性，而与显微组织无关。因此，热处理、合金化、冷热变形等对它的影响很小。要想提高金属制品的刚度，只能更换金属材料、改变金属制品的结构形式或增加截面面积。

2．屈服强度

在拉伸过程中，负荷不增加而应变仍在增大的现象称为屈服。其分为上屈服强度 R_{eH} 和下屈服强度 R_{eL}。R_{eH} 是试样发生屈服而应力首次下降的最大应力；R_{eL} 是在屈服期间，不计初始瞬时效应时的最小应力。

对于在拉伸过程中屈服现象不明显的材料，一般测定规定残余延伸强度 R_r。规定残余伸长应力是指试样卸除拉伸力后，其标距部分的残余延伸达到规定原始百分比时的应力。使用的符号应附下角标说明所规定的残余延伸率。例如，$R_{r0.2}$ 表示规定残余延伸率为 0.2%时的应力。

机械零部件或构件在使用过程中一般不允许发生塑性变形，所以材料的屈服强度是评价材料承载能力的重要力学性能指标。

3．抗拉强度 R_m

拉伸曲线上 D 点的应力 R_m 称为材料的抗拉强度，它表明了试样被拉断前所能承载的最大应力。抗拉强度是零部件设计和材料评定时的重要强度指标。尤其是对于脆性材料，由于拉伸时没有明显的屈服现象，这时一般用抗拉强度指标作为设计依据。

抗拉强度 R_m 与材料的密度 ρ 之比称为材料的比强度，它也是零件选材的重要指标之一。

4．断后伸长率 A

断后伸长率用 A 表示，

$$A = \frac{L_u - L_0}{L_0} \times 100\%$$

式中，L_0 为试样的原始标距（mm）；L_u 为试样的断后标距（mm）。

断后伸长率的数值和试样标距长度有关，标准圆形试样有长试样（$L_0 = 10d_0$，d_0 为试样直径）和短试样（$L_0 = 5d_0$）两种。

5．断面收缩率 Z

断面收缩率用 Z 表示，

$$Z = \frac{S_0 - S_u}{S_0} \times 100\%$$

式中，S_0 为试样的原始横截面积（mm^2）；S_u 为试样的断后最小横截面积（mm^2）。

断面收缩率的数值不受试样尺寸的影响，用断面收缩率表示塑性更能接近材料的真实应变。

A 或 Z 值越大，说明材料的塑性越好。良好的塑性是材料进行压力加工的必要条件。

10.2 材料的硬度

材料抵抗其他硬物压入其表面的能力称为硬度，它是衡量材料软硬程度的力学性能指标。一般情况下，材料的硬度越高，其耐磨性就越好。

硬度是材料最常用的性能指标之一。硬度试验方法比较简单快捷，而且材料的硬度与它的力学性能，如强度和耐磨性，以及工艺性能，如切削加工性和可焊性等之间存在着一定的对应关系，所以在一些零件图纸上，硬度是检验产品质量的重要指标之一。工程上常用的硬度有布氏硬度、洛氏硬度和维氏硬度。

10.2.1 布氏硬度

图 10-3 所示为布氏硬度试验示意图。布氏硬度试验是用载荷为 F 的力把直径为 D 的淬火钢球或硬质合金球压入试样的表面，保持一定时间后卸掉载荷，此时试样表面出现直径为 d 的压痕。用载荷 F 除以压痕表面积所得的商，作为被测材料的布氏硬度值，

$$HB = \frac{F}{A} = 0.102 \times \frac{2F}{\pi D(D - \sqrt{D^2 - d^2})}$$

式中，F 为载荷（N）；D 为钢球直径（mm）；d 为压痕直径（mm）。

布氏硬度的单位为 MPa，但习惯上不标出单位。

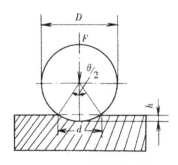

图 10-3 布氏硬度试验示意图

用硬质合金球作为压头测出的硬度值以 HBW 表示，适用于测量硬度不超过 650HBW 的材料。实际应用中一般不是直接计算 HBW，而是根据测量的 d 值在相关的表中直接查出布氏硬度值。

布氏硬度试验的优点是测量结果准确，缺点是压痕大，不适合成品检验。

10.2.2　洛氏硬度

洛氏硬度试验示意图如图 10-4 所示。用一个顶角为 120° 的金刚石圆锥体或直径为 1.588mm 的淬火钢球作为压头，先施加一个初载荷，然后在规定的主载荷作用下将压头压入被测材料的表面。卸除主载荷后，根据压痕的深度 $h = h_1 - h_0$，确定被测材料的洛氏硬度，该值可以直接从硬度计上的显示器上读出。

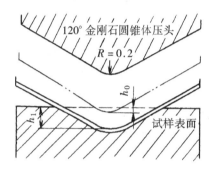

图 10-4　洛氏硬度试验示意图

用金刚石圆锥体压头在总载荷为 588.4N 时测得的硬度值以 HRA 表示，适用于测量高硬度的材料，如硬质合金；用淬火钢球压头在总载荷为 980.7N 时测得的硬度值以 HRB 表示，适用于测量较软的材料，如退火钢、正火钢或有色金属等；用金刚石圆锥体压头在总载荷为 1471N 时测得的硬度值以 HRC 表示，适用于测量淬火钢等硬材料。三种洛氏硬度中，HRC 应用得最多。

洛氏硬度测量迅速简便、压痕小，可在成品零件上检测，也可测定较薄的工件或表面有较薄硬化层的工件的硬度。但由于压痕比较小，易受材料微区不均匀的影响，因而数据的重复性比较差。

10.2.3　维氏硬度

维氏硬度的测定原理基本上与布氏硬度的测定原理相同，也是根据压痕凹陷单位面积上的力为硬度值，但维氏硬度使用的是锥面夹角为 136° 的金刚石正四棱锥体，压痕是四方锥形。维氏硬度试验示意图如图 10-5 所示。测量压痕两对角线的平均长度 d，计算压痕的面积 A_v，用 HV 表示维氏硬度，

$$HV = \frac{F}{A_v} = 0.1891 \frac{F}{d^2}$$

式中，F 为载荷（N）；A_v 为压痕面积（mm^2）。

维氏硬度的单位为 MPa，一般不标。

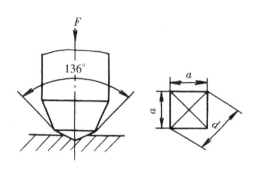

图 10-5　维氏硬度试验示意图

维氏硬度所用的载荷小，压痕深度浅，测量精确度高于布氏硬度和洛氏硬度，适用于测量较薄的材料或表面硬化层、金属镀层的硬度。由于维氏硬度的压头是金刚石角锥，载荷可调范围大，所以维氏硬度可用于测量从软到硬的各种工程材料，测定范围为 0～1000HV。

为了测量一些特殊性能和特殊形状材料的硬度，也可以选择其他的硬度试验方法。如显微硬度法可用于测量一些薄的镀层、渗层或显微组织中的不同相的硬度；肖氏硬度法适合在现场对大型试件（如机床床身、大型齿轮等）进行硬度测量；莫氏硬度法用于测量陶瓷和矿物的硬度。

因为各种硬度的试验条件不同，所以它们之间没有直接的换算关系。标注某种材料的硬度值时必须说明它的硬度测试方法。在工程图纸上正确标注材料硬度的方法是硬度值加硬度测试方法代号。如"洛氏硬度 60"的书写格式为"60HRC"。

10.3　材料的冲击韧度

材料的韧性是指材料在塑性变形和断裂的全过程中吸收能量的能力，它是材料塑性和强度的综合表现。材料的韧性与脆性是两个意义上完全相反的概念，根据材料的断裂形式可分为韧性断裂和脆性断裂。

冲击韧度是指材料在冲击载荷的作用下，材料抵抗变形和断裂的能力。材料的冲击韧度值常用一次摆锤冲击试验方法测定。冲击试验示意图如图 10-6 所示。

进行冲击试验时，把有 U 形或 V 形缺口（脆性材料不开缺口）的标准冲击试样背向摆锤方向放在冲击试验机上，将质量为 m 的摆锤升到规定的高度 H，摆锤自由落下将试样击断。在惯性的作用下，击断试样后的摆锤会继续上升到某一高度 h。根据功能原理，摆锤击断试样所消耗的功 $K=mg(H-h)$。K 可以从冲击试验机上直接读出，称为冲击吸收功。K 除以试样缺口处横截面积 S 的值则为该材料的冲击韧度值，用符号 α_k 表示，单位为 J/cm^2，

$$\alpha_k = \frac{K}{S}$$

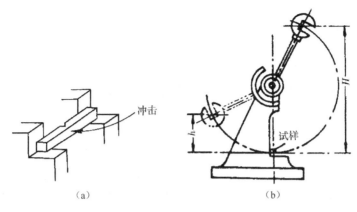

图 10-6　冲击试验示意图

根据试样的缺口形式，U 形缺口和 V 形缺口试样的冲击韧度值分别以 α_{ku} 和 α_{kv} 表示。不同形式试样的冲击韧度值不能直接进行比较或换算。材料的冲击韧度的大小除了与材料本身特性（如化学成分、显微组织和冶金质量等）有关，还受试样的尺寸、缺口形状、加工粗糙度和试验环境等影响。

由于材料的冲击韧度值 α_k 是在一次冲断的条件下获得的，因此对判断材料抵抗大能量冲击能力有一定的意义。实际上在冲击负荷下工作的机械零件，很少受到大能量的一次冲击而破坏，大多都是受到小能量的多次冲击后才失效破坏的。一般来说，材料抵抗大能量一次冲击的能力取决于材料的塑性，而抵抗小能量多次冲击的能力则取决于材料的强度。所以在设计机械零件时，不能片面地追求高的 α_k 值，α_k 值过高必然要降低强度，从而导致零件在使用过程中因强度不足而早期失效。

材料的韧性均有随温度下降而降低的趋势，但不同的材料韧性下降的程度不一样。一些中低强度的钢在某一温度以下具有明显的冷脆性，材料从韧性状态转变为脆性状态的临界转变温度称为材料的冷脆转化温度 T_k。图 10-7 所示为钢的脆性转化温度。用于低温工作环境中的材料要进行低温冲击试验。

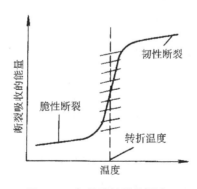

图 10-7　钢的脆性转化温度

对于脆性材料，如陶瓷，一般不采用冲击韧度作为韧性的量度，因为当材料的韧性很低时，采用一次摆锤冲击试验法获得的冲击韧度值的精度不能满足测量的要求。

10.4　材料的疲劳强度

大小和方向都随时间呈周期性的循环变化的应力称为交变应力。材料在交变应力作用下发生的断裂现象称为疲劳断裂。疲劳断裂可以在低于材料的屈服强度的应力下发生，断裂前也无明显的塑性变形，而且经常是在没有任何先兆的情况下突然断裂的，因此疲劳断裂的后果是十分严重的。

图 10-8 所示为材料的疲劳特性试验示意图。材料的疲劳强度可以通过疲劳试验机进行测定。将光滑的标准试样的一端固定并旋转，在另一端施加载荷。在试样旋转过程中，试样工作部分的应力将承受周期性的变化，从拉应力到压应力，循环往复，直至试样断裂。

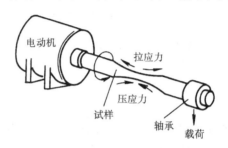

图 10-8　材料的疲劳特性试验示意图

材料所受的交变应力与断裂循环次数之间的关系可以用疲劳曲线（也称 $R\text{-}N$ 曲线）描述。图 10-9 所示为材料的疲劳曲线。纵坐标为交变应力 R，横坐标为循环周数 N。从 $R\text{-}N$ 曲线可以看出，R 越小，N 越大。当应力低于某数值时，材料经无数次应力循环也不会发生疲劳断裂，此应力称为材料的疲劳极限，通常用 R_r 表示（r 是应力循环对称次数），单位为 MPa。如果采用对称的循环应力，那么材料的疲劳强度用 R_{-1} 表示。

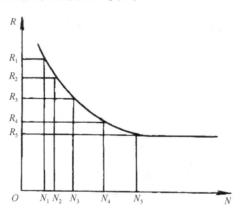

图 10-9　材料的疲劳曲线

由于疲劳试验时不可能进行无限循环周次，而且有些材料的疲劳曲线上没有水平部分，因此，规定一个应力循环基数 N_0，N_0 所对应的应力作为该材料的疲劳极限。一般钢铁的循环基数为 10^7，有色金属和某些超高强度钢的循环基数为 10^8。

一般钢铁材料的 R_{-1} 值约为其抗拉强度 R_m 的一半，而非金属材料的疲劳极限一般远低于金属材料。

在机械零件的断裂现象中，80% 以上都属于疲劳断裂。影响疲劳强度的因素有很多，其中主要有应力循环特性、材料的本质、残余应力和表面质量等。在生产中常采用各种材料表面强化处理技术，使金属的表层获得有利于提高材料疲劳强度的残余压应力分布。这些表面强化技术包括喷丸、滚压、渗碳、渗氮和表面淬火等。此外，降低零件表面的粗糙度也可以显著地提高材料的疲劳极限。

10.5　材料的断裂韧度

断裂韧度是以断裂力学为基础的材料韧性指标。断裂力学是把材料的断裂过程与裂纹扩展时所需的功联系起来的，它对评估材料的使用寿命和设计可靠运转的机件具有重要的指导意义。

在工程构件和机械零件设计中，通常都是用材料的屈服强度作为材料的许用应力 $[R]$（$[R] = R_{eL} / n, n > 1$）。一般认为，只要零件的工作应力小于或等于许用应力就不会发生塑性变形，更不会发生断裂。但是，一些用高强度钢制造的零件或大型焊接构件，如桥梁、船舶等，有时会在工作应力远低于材料屈服强度，甚至低于许用应力的条件下，突然发生脆性断裂，这样的断裂称为低应力脆断。

在传统的材料力学中都是假定材料内部是完整的、连续的，所以从材料力学的角度无法解释材料的低应力脆断现象。实际上，材料或构件本身不可避免地会存在各种冶金或加工缺陷，这些缺陷相当于裂纹，或者它们在使用过程中扩展成为裂纹。近代断裂力学认为，低应力脆断正是由于这些微裂纹在外力作用下的扩展造成的。一旦裂纹长度达到某一临界尺寸，裂纹的扩展速度就会剧增，从而导致断裂。材料抵抗裂纹失稳扩展断裂的能力称为断裂韧度。

比较常见而且又比较危险的裂纹是张开型裂纹，又称为 I 型裂纹。图 10-10 所示为张开型裂纹的平板试样。假设平板上的裂纹长度为 $2a$，在垂直裂纹面的外力拉伸作用下，受裂纹的影响，材料各部位的应力分布不均匀，在裂纹尖端的前沿产生的集中应力最大。根据断裂力学的观点，裂纹两端很尖锐，顶端附近各点应力 R_r 的大小取决于比例系数 K_I。由于 K_I 反映了裂纹尖端附近各应力点的强弱，故称为应力强度因子 K_I（单位为 $MPa \cdot \sqrt{m}$）。其表达式为

$$K_I = R\sqrt{\pi a}$$

式中，R 为外加应力（MPa）；a 为裂纹的半长（m）。

K_I 值与裂纹尺寸、形状和外加应力的大小有关。随着外应力 R 的增大或裂纹的增长，K_I 也相应增大，当 K_I 增大到某一临界值时，裂纹前端的内应力将大到足以使裂纹失稳扩展，从而发生脆断。这个应力强度因子的临界值称为材料的断裂韧度，用 K_{IC} 表示。

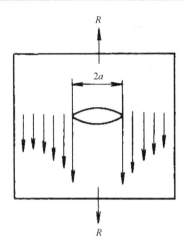

图 10-10　张开型裂纹的平板试样

K_{IC} 是量度材料抵抗裂纹失稳扩展阻力的物理量，是材料抵抗低应力脆断的韧性参数。它与材料的成分、热处理及加工工艺有关，与裂纹的形状、尺寸及外加应力的大小无关。

参 考 文 献

[1] 罗大兵，高明，王培俊．逆向工程中数字化测量与点云数据处理[J]．机械设计与制造，2005，000（9）：56-58．

[2] 吴江．结构光三维扫描测量技术的研究[D]．合肥：合肥工业大学，2017．

[3] 赵方．3D 打印中基于 STL 文件的分层算法比较[D]．大连：大连理工大学，2016．

[4] 胡浩亮，陈萍，张争艳，等．基于 AutoCAD 的三维 CAD 模型直接切片方法[C]．湖北省机械工程学会机械设计与传动专业委员会暨武汉市机械设计与传动学会第 22 届学术年会，武汉，2014．

[5] 金矿矿．基于 STL 分层数据的行切刀轨生成方法研究[D]．西安：西安工程大学，2015．

[6] 杨文涛，韩明，肖跃加，等．基于 STL 格式的 CAD 实体模型的分割与拼接[J]．锻压机械，2000，35（3）：48-50．

[7] 郑增，王联凤，严彪．3D 打印金属材料研究进展[J]．上海有色金属，2016，37（1）：4．

[8] 梁欣杰．关于 3D 打印高分子材料研究进展浅析[J]．当代化工研究，2017，（9）：2．

[9] 谢彪，王小腾，邱俊峰，等．光固化 3D 打印高分子材料[J]．山东化工，2014，43（11）：3．

[10] 何岷洪，宋坤，莫宏斌，等．3D 打印光敏树脂的研究进展[J]．功能高分子学报，2015，28（1）：170-173．

[11] 贲玥，张乐，魏帅，等．3D 打印陶瓷材料研究进展[J]．材料导报，2016，30（21）：10．

[12] 李梦倩，王成成，包玉衡，等．3D 打印复合材料的研究进展[J]．高分子通报，2016，（10）：6．

[13] 邹国林，郭东明，贾振元，等．熔融沉积制造工艺参数的优化[J]．大连理工大学学报，2002，42（4）：5．

[14] 张帆，尚雯，谭跃刚．连续碳纤维复合材料 3D 打印的切片方向调控[J]．机械设计与制造，2019，（10）：170-173．

[15] 任礼，白海清，鲍骏，等．螺杆挤出式 3D 打印机结构设计与仿真分析[J]．中国塑料，2021，35（4）：8．

[16] 蒋三生．基于 SLA 成型的光敏树脂 3D 打印工艺及性能[J]．工程塑料应用，2019，47（1）：6．

[17] 王智．基于数字光处理 3D 打印技术的首饰批量化制造[J]．中国高新科技，2020，（3）：2．

[18] 徐如涛，张坚，徐志锋，等．金属粉末选区激光烧结技术研究现状[J]．光机电信息，2009，26（1）：5．

[19] 杨永强，陈杰，宋长辉，等．金属零件激光选区熔化技术的现状及进展[J]．激光与光电子学进展，2018，55（1）：13．

[20] 汤慧萍，王建，逯圣路，等．电子束选区熔化成形技术研究进展[J]．中国材料进展，2015，34（3）：11．

[21] 赵宗仁．激光近净成形过程中的热力学分析与优化[D]．合肥：合肥工业大学，2017．

[22] 李明祥，张涛，于飞，等. 金属电弧熔丝增材制造及其复合制造技术研究进展[J]. 航空制造技术，2019，62（17）：8.

[23] 徐滨士，朱子新，朱胜，等. 电弧喷涂技术的新进展[C]. 2004 全国热喷涂技术研讨会，重庆，2004.

[24] 陈步庆，林柳兰，陆齐，等. 三维打印技术及系统研究[J]. 机电一体化，2005，11（4）：3.

[25] 周奇才，熊肖磊，韩梦丹，等. 一种基于冷喷涂的 3D 打印方法及系统：CN104985813A[P]. 2015-10-21.

[26] 谭景焕. 聚合物熔体喷射堆砌成型工艺与设备研发[D]. 广州：华南理工大学，2017.

[27] 郑泽军. 纳米金属颗粒的制备及其喷墨打印研究[D]. 南京：南京邮电大学，2019.

[28] 胡宁波，王晗，房飞宇，等. 一种气溶胶打印喷射装置及打印机：CN110001057A[P]. 2019-07-12.

[29] 李玲，王广春. 叠层实体制造技术及其应用[J]. 山东农机，2005，（3）：17-19.

[30] 张昊，李京龙，孙福，等. 扩散焊固相增材制造技术与工程化应用[J]. 航空制造技术，2018，61（8）：8.

[31] 张晓琴，秦世煜，姬忠莹，等. 3D 直书写打印聚合物及其复合材料[J]. 聊城大学学报：自然科学版，2020，33（3）：11.

[32] 于永泽，刘静. 液态金属 3D 打印技术进展及产业化前景分析[J]. 工程研究：跨学科视野中的工程，2017，9（6）：9.